性の進化史

いまヒトの染色体で何が起きているのか

松田洋一

新潮選書

まえがき

2002年2月、世界的に有名な科学雑誌である「Nature」誌に、「性の未来」と題する論文が掲載されました。それは「ヒトのY染色体は退化の一途をたどり、やがてY染色体は消失してしまう」という衝撃的な内容でした。Y染色体とは男性だけが持つ、まさしく男性を作る染色体ですから、Y染色体が消えるということは、すなわちこの世から男性が消えてしまうことを意味します。人類誕生以来、男と女という二つの性の存在によって脈々と営まれてきた世代をつなぐ遺伝子の連鎖が途切れ、人類が滅亡してしまうかもしれないというのです。

この論文の筆者であり、性染色体の進化研究の世界的な権威であるオーストラリア国立大学(当時)のジェニファー・グレイブス博士(現ラ・トローブ大学)は、ヒトのY染色体のもとになった染色体が、かつてはX染色体と同じように1500個くらいの遺伝子を持っていたと推定し、これらの遺伝子が長い進化の過程でどのように変化していったのかを推測しました。

それによると、今から3億年以上も前に、哺乳類の共通祖先が誕生してからヒトが出現するまでの長い進化の過程で、かつてのY染色体に存在したほとんどの遺伝子は傷つき、そして修復されることなく壊れ、その働きが失われていったと考えられています。そして、Y染色体から次々と遺伝子が消失していった結果、現在、ヒトのY染色体に残されている遺伝子はわずか50個程度になっているというのです。平均すると１００万年に5個の遺伝子が失われていった計算になります。このまま同じ速度で遺伝子が失われ続けるとすると、約１０００万年後には、ヒトの男性を決める性決定遺伝子を含めてY染色体のすべての遺伝子が消失してしまうことになります。

ヒトが持つすべての遺伝情報を含むＤＮＡ配列、いわゆるゲノム配列の解読によって、女性が持つX染色体上にある遺伝子は１０９８個、男性が持つY染色体上に残っている遺伝子はわずか78個と報告されています。しかし、78個のY染色体遺伝子の中にはすでに機能を失い死んでしまった遺伝子も数多く含まれており、実際に機能しているのは50個どころか30個程度と考えられています。

グレイブス博士らはその後、新たなゲノム情報に基づいて、Y染色体上の遺伝子が時間とともに一定の割合で減ったケースや、あるいは突然変異などによって急激に減ったケースなどを想定し、それらを比較しながらさらに詳細な解析を行いました。その結果、ヒトのY染色体中の遺伝子がすべて消えるのは５００〜６００万年後と見積りました。

わたしたちにとっては５００〜６００万年後というのはずっと遠い未来のことであり、その頃にはきっと人類自体が滅亡しているので自分たちには関係ないと読者の皆さんは思われるかもしれません。しかし、グレイブス博士によれば、ある種の偶然が重なれば、明日突然にY染色体を失ったヒトが現れても不思議ではないと言います。

男性はいつか、この地球上から消えてしまうのでしょうか？　消えたとしたら、人類はどうなってしまうのでしょうか？　そして、男性の性染色体は、どうしてこんなことになってしまったのでしょう？　そもそもなぜ、生物には雌雄のあるものと、ないものがいるのでしょうか？
この地球に生きた（生きる）生き物の「性の進化史」を振り返りながら、併せて生殖補助医療と人類の未来について考えてみたいと思います。

著者

性の進化史　目次

性の進化史　いまヒトの染色体で何が起きているのか

第1章　いまヒトのY染色体で何が起きているのか？

性染色体とは、「雌雄が存在する生物において、雌と雄の間で異なる形や数を持つ染色体、あるいは雌と雄の違いを作りだす染色体」と定義されます。ヒトが持つ性染色体は、X染色体とY染色体と呼ばれ、そのうちのY染色体を持つか持たないかによって、男性になるか女性になるかが決められています。第1章では、染色体とは何か、そして今、男性だけが持つY染色体で何が起こっているかについてお話ししたいと思います。

現代人にみられる精子減少の危機

すこし前から、「草食系男子・肉食系女子」などという言葉をよく耳にするようになりました。その言葉のとおり、日本人男性の若者はだんだんひ弱になる一方で、女性の社会進出が進み活動的な女性が増えてきています。私が大学で接している学生など見ていると、若い世代では、男性よりも女性の方がずっとしっかりしているような印象すら受けることがあります。結婚しない男性が増えつつあるとも聞き、この傾向が「Y染色体が弱くなった」などと表現されることもあります。

このことに直接関係があるかどうかはわかりませんが、「まえがき」で述べたようなY染色体滅亡の危機は、実は現代人の生殖機能の低下という形でもはっきりと表れてきています。報道によれば、世界各国で男性の精子数の減少や不妊症の増加が顕著になってきていることが報告されています。男性の生殖機能の低下や精子数減少の問題は、深刻な現実問題となりつつあるのです。

１９９２年にデンマークのコペンハーゲン大学のニールス・スカケベックらは、１９３８年から91年にかけて男性の精子数を調べた61にもおよぶ研究の論文を集め、それらの報告に基づいて、50年間にわたる健常者男性の精子数の変化を調べました。対象となった男性の数は、計１万４９４７人にも達します。その結果、１９４０年に１㎖当たり１億１３００万あった精子濃度が50年後の１９９０年には６６００万に、そして精液量は３・４㎖から２・75㎖に減少していることがわかってきました。精子の総数に換算すると、３億８４００万から１億８２００万にまで減少したことになります。

これらの結果をまとめると１回あたりの射精につき、精子数は半減したことになります。そして、精子数の減少とともに、さらに停留精巣（精巣が陰嚢内に下りてこない形態異常）や尿道下裂《かれつ》（尿の出口が陰茎の先よりも根元側にある形態異常）などの泌尿生殖器の異常も増加していることがわかり、大きな関心をよびました。

ただし、精子数の減少については地域差があり、アメリカのコロンビア大学のハリー・フィッシュらの論文にあるように、アメリカ合衆国のいくつかの州（ニューヨーク州、ミネソタ州、カリフォルニア州など）では、25年にわたって変化していないというデータもあります。統計学的な手法の違いや地域差というものを考慮すれば、おしなべて人類の精子数が激減しているとはいい切れませんが、精子数の減少しつつある集団が多く存在することは間違いないようです。

その後、デンマーク国立大学が中心となって、イギリス、フランス、デンマーク、フィンランドの4カ国が共同で大規模な調査をおこない、2001年の結果報告では、デンマークの男性の精子濃度が最低値を示しました。デンマークの男性3500人の調査で、20％が基準以下（WHOの不妊基準にしたがえば1㎖中2000万を下回ると不妊）であり、不妊予備軍（4000万以下）を含めると、その数は全体の40％にも達し、全体平均が1㎖あたり4600万と、不妊予備軍に近い数値を示すことがわかってきました。フィンランドでも男性の精子濃度は低下し続け、特に過去5年の間においては27％も低下したことが報告されています。

最近では、イスラエルのヘブライ大学のハガイ・レヴィン、米国のマウントサイナイ・アイカーン医科大学のシャナ・スワンらと、ブラジル、デンマーク、イスラエル、スペイン、米国の国際研究チームは、1973年から2011年にかけて実施された解析に耐えうる精度の高い研究報告に基づき、最近38年間での成年男子の精液1㎖当たりの精子濃度と精子数の推移を調査しました。彼らが調査した報告は計185件にも上り、6大陸50カ国からの計4万2935人の精子提供者を対象とした膨大な調査データとなっています。その結果、北米、ヨーロッパ、オーストラリアとニュージーランドでは、この間、精子数が50％以上低下していることを明らかにし、2

017年7月に生殖生物学と産科・婦人科の専門誌である「Human Reproduction Update」誌に報告しました。

この調査結果によれば、1973年から2011年の間に、ヒトの精子濃度は52・4%減少していました。1973年に9900万/mℓであった精子濃度は2011年には4700万/mℓに減少し、1年あたり1・38%の割合で精子濃度が減少したことになります。また、ヒトの精子数は59・3%減少、つまり1年あたり1・56%の割合で減少していました。精子総数にすると、1973年の3億3750万から2011年には1億3750万にまで減ったことになります。しかも、精子数の減少は精子の運動性や生存率とも関係していますので、この結果は、今後さらに男性の生殖能力の低下や不妊の男性が増加する可能性を示しています。

今回のレヴィンとスワンらの調査結果は、精子を採取した男性の年齢や、禁欲期間、精液の採取法や精子数の計測方法などの要因に左右されることがなかったことから信頼できる値とされています。また、1996年から2011年に限って調べてもその減少傾向は変化することなく続いていることが分かりました。1973年当時の初期の解析に比べ、最近の解析は精度が高いことから、この報告で得られた結果の信頼性は高いと考えてよいでしょう。一方、低所得層が多い南米、アジア、アフリカ諸国では減少がみられないとの調査報告もありますが、調査した例数が少ないため、十分に信頼できるデータとはいえないようです。

このように、精子の減少については、1992年のスカケベックらの報告以来、最近の25年間でこの傾向がさらに強まっていることは明らかなようです。世の中に流通している食品添加物や、インスタント食品の容器や塗料、コーティング剤などに含まれる内分泌かく乱物質、農薬などの化学物資、喫煙、さらには電磁波などが精子減少の要因となっている可能性が指摘されていますが、それを裏付ける疫学的なデータはまだほとんど得られていません。また、西欧諸国、つまり高所得の国々で強い傾向がみられることから、肥満やストレス、様々な生活要因が関係している可能性も考えられます。レヴィンとスワンらは、ヒトの精子数の減少を、炭坑で有毒ガスを検知するために使われるカナリアにあてはめ、「炭坑のカナリア＝警告または予兆」として、現代社会に警鐘を鳴らしています。

こうした精子数のあまりにも急激な減少は、次に述べる「一夫一妻」という社会システムによって引き起こされた現象という理由だけでは説明ができず、遺伝的な要因以外にも前述したような外的要因が人間の精子を更に劣化させている可能性も無視できません。男性の生殖機能の低下は今後も続いていくことが予想されます。

このように、ヨーロッパにおいては、精子の劣化は今や深刻な社会問題となっていますが、これは他人事ではなく、日本においても、最近の若い男性の精子数が減少し、精子の運動能力が低下しているという調査結果が出ています。

一夫一妻制が引き起こす精子の劣化

中東やアフリカの一部の地域、あるいは一部の少数民族などを除けば、ヒトの一般的な結婚形態は「一夫一妻制」です。これは、類人猿から現代人に至る進化の過程で獲得されてきた社会形態のひとつといえます。この一夫一妻制という結婚形態が、現代人にみられる精子の劣化と大いに関係していることを、読者の皆さんはご存じだったでしょうか？

一夫一妻制をとっていない自然界の動物とは違って、ヒトの一夫一妻制という結婚形態では、他の精子との間に、自分自身の子孫を残すための受精競争、いわゆる精子間競争というものは存在しません。したがって、ヒトの社会では、精子間競争という厳しい自然淘汰にさらされることなく弱い精子を保護し、さらに弱い精子が持つ遺伝子が次の世代に伝えられることによって、結果的に弱い精子の遺伝子を集団中に残す原因となります。その結果、ヒト集団における精子の劣化を加速していることになるわけです。

一方、たとえば、決まった相手を作らない「乱婚系」であるチンパンジーの精子は、ヒトの精子に比べて非常に運動能力が高いことが知られています。これは、自分の遺伝子を後代に残すための必須条件であり、かつ戦略であるといわれています。つまり、精子間競争という強い自然淘汰にさらされた結果、受精にあずかる確率が高くなる、運動能力の優れた精子が持つ遺伝子が、集団中に残されていく可能性が必然的に高くなるわけです。

ところで、チンパンジーとゴリラの睾丸はどちらが大きいと思いますか？　実は、チンパンジーとゴリラの精子を比較すると、その質は数においても活動力においても格段の差があることがわかっています。

チンパンジーの身体の大きさはゴリラの4分の1ほどにすぎません。しかしながら、チンパンジーの睾丸のサイズはゴリラのおよそ4倍もあります。体重比に換算すると15倍にもなります。

ゴリラの雄はハーレムを作り繁殖相手の雌を独り占めできるため（ハーレム型複婚＝一夫多妻制）、必然的に精子間競争を必要としません。そのため精子の絶対数が少なくなると考えられます。

一方、チンパンジーは、他の異なる雄個体と雌を共有する社会構造を持つため、必然的に雌は乱婚となり、雌は体内に複数の雄の精子を受け入れることになります。つまり、精子が雌の体内で混じり合い、ひとつの卵子に到達するための精子間競争が起こることになるのです。そのため、チンパンジーの雄が自分の遺伝子を次世代に残すためには、運動能力の高い精子を大量につくり、頻繁に交尾をして雌の体内に自分の精子を送り込む必要があるのです。そして、受精相手の卵子をめぐって複数の雄の精子との厳しい競争に打ち勝ち、自分の子供を残す機会を増やさなくてはなりません。したがって、精子間競争に打ち勝つことができる活発な精子を大量に作ることができる遺伝子、つまり受精能力が高い精子を作る遺伝子が次世代に残されることになるわけです。

ヒトの精巣重量の体重比はゴリラよりも数倍も高く、1回の射精あたりの精子数もゴリラの5倍近くになることがわかっています。このことは、乱婚による配偶システムを持つ社会がかつてヒトにも存在した名残である可能性も否定できないことを示しています。そして、現在のヒトが持つ一夫一妻制という婚姻形態が、ヒトの精子の劣化を促進していることは間違いないようです。

ヒトの精子に多い染色体異常

ところで、精子や卵子が持つ染色体の異常が子供に伝えられた場合、一部の例外を除いて先天異常という形でその影響が現れます。読者の皆さんは、わたしたちヒトの精子が、ハツカネズミ

（マウス）やラットに比べて非常に高い頻度で染色体異常を持っているかもしれないという話を知っていましたでしょうか？　ちょっと驚くようなお話をしましょう。

1986年に、旭川医科大学の美甘和哉《みかもかずや》博士と上口勇次郎《かみぐち》博士（共に現名誉教授）は、ハムスターの卵子の表面にある「透明層」と呼ばれる厚い細胞膜を除去することにより、異なる種の精子と受精しやすい状態を作り出すことに成功しました。そして、試験管内でハムスターの卵子とヒトの精子を受精させることによって、ヒトの精子の染色体を観察する方法を開発したのです。

動物の卵子を覆う透明層は、受精する相手の精子が同じ種以外のものであればそれらを寄せ付けず、異なる種の精子と卵子が受精するのを防ぐ働きを持っています。しかし、ハムスターの卵子からこの膜をはがして卵子を裸にしてやれば、試験管内でヒトの精子を卵子の中に簡単に侵入させることができ、受精が起こります。そうやって、受精卵を引き続き試験管内で培養すると、最初の細胞分裂（第一卵割）の中期まで発生が進行し、ヒトの精子由来の染色体とハムスターの卵子由来の染色体を観察することができるのです。

この方法を用いて美甘、上口両博士は、健常者男性の精子について調べた結果、驚いたことに平均して約8％もの染色体異常が観察されました。わたしたちが体外受精法を用いてマウスの精子と卵子を受精させ、精子と卵子由来の染色体を観察したところ、精子の染色体の異常は全体の1％にも満たないわずかなものでした。

この対照的な結果からわかることは、ヒトの精子は2シーベルト（胃のレントゲン検査の約100倍から400倍）程度の放射線を浴びたのと同じくらいの遺伝的な負荷を負っていることになります。つまり2シーベルトの放射線によって引き起こされるくらいの染色体異常が、自然発生的にヒトの精子で生じていることになるわけです。

細胞や精子に放射線を当てるとＤＮＡに傷がつき、その傷が修復できずに染色体が切れてしまったり、あるいは修復の仕方を間違えれば異なる染色体の傷口とつなぎ変わったりして、最終的には染色体の構造に変化が生じます。このような染色体の構造異常に対し、染色体の形や構造に変化はなくても染色体の数が１本少なかったり多かったりした場合は、染色体の数の異常ということで「数的異常」と呼ばれます。染色体の構造異常と数的異常をまとめて「染色体異常」（または「染色体突然変異」）といいます（染色体異常については、第5章で詳しくお話しします）。

これらの染色体の構造異常は、先天異常や遺伝疾患、がんの原因となることが知られています。ＤＮＡに生じた傷が多ければ多いほど、染色体異常が出現する確率は高くなるので、何らかの被曝事故や医療被曝によって放射線を浴びた場合、染色体異常が発生する確率は、浴びた放射線の量や時間に比例して増加することになります。したがって、染色体異常は、生体への放射線の影響を評価する上で、重要な生物学的指標となります。

２０１１年3月11日に発生した東日本大震災による原子力発電所の事故によって、放射線漏れによる被害が深刻な問題となっています。染色体検査は、事故があった原子力発電所周辺に住んでいた住民たちの被曝の有無や被曝線量の推定、そしてその影響を調べる上で大きな威力を発揮します。また、放射性物質で汚染された地域に住んでいる野生動植物を対象とした染色体異常の調査研究もおこなわれており、汚染地域で被曝した生き物への放射線の影響や被曝線量を染色体異常の検査によって知ることができます。このように、現在、染色体研究の重要性が改めて再認識されています。

しかし一方で、生物の体には、放射線などによってDNAに傷がついてもそれを元通りに治してしまう巧妙な修復機構が備わっています。たとえ精子のDNAに傷があったとしても、卵子中にはそれを修復するのに必要な酵素やタンパク質が大量に存在することが知られています。そのため、精子が持つDNAの傷の量が少なければ受精卵の中で修復されて元通りになり、染色体異常が起こることはほとんどありません。それにもかかわらず、自然状態のヒトの精子で高頻度に染色体異常が観察されることは、ヒトの精子自体が多くのDNA損傷を持っているか、あるいは、その傷が効率よく修復されていない可能性が考えられます。

ここでくれぐれも注意しなくてはならないのは、先の実験はあくまでも異なる種の精子と卵子の受精によっておこなわれているという点です。ヒトの精子がもともと持っていたDNAの傷に対する修復力がハムスターの卵子で阻害されているのか、あるいは異なる種の卵子の細胞質と精子の相互作用のために、逆に染色体異常が誘発されたのかはわかりません。しかしながら、この結果は驚くべきものであり、その原因はいまだ不明のままです。

生殖補助医療の功罪

さらに追い打ちをかけるような衝撃的な報告がなされています。現代人の精子がどんどん劣化しているせいで、将来は生殖補助医療に頼らなければ、子孫を残せなくなる可能性があるというのです。これはいったいどういうことでしょうか?

Y染色体に生じた遺伝的な障害は、Y染色体上の精子形成にかかわる遺伝子の異常を引き起こし、「無精子症」や「乏精子症」の原因となることがわかっています。ヒトの男性不妊患者の5~15%がY染色体に起こった遺伝子の欠陥が原因であるという報告もあります。このようなY染色体に生じた遺伝子の変化は、精子の数の減少や受精能力の欠如あるいは低下を引き起こすため、精子が卵子と受精することはなく、そこに含まれる遺伝子DNAが次世代の子孫に伝わることはほとんどありません。

ところが、このような遺伝子に異常を持つ精子や、運動性や形態に異常がある精子でも、あるいは精子の数が著しく少なくても、生殖補助医療の発展によってその精子の遺伝子を後代に伝えることができるようになっているのです。

1992年、ベルギーのブリュッセル自由大学のボール・デブロイは、先を非常に細く伸ばしスポイト状になった特殊なガラス針を用いて、顕微鏡の下で卵子に直接精子を注入することによって受精卵を作りだす方法を開発しました。「顕微授精(ICSI)」といわれるこの方法を用いることによって、自然状態では受精できない精子であっても卵子と受精させることができ、子孫を残すことができるようになりました。このように、生殖能力に欠陥を持つY染色体でも後代に伝わることができるため、劣化した精子の遺伝子は受精のためのサバイバル競争で淘汰されることなく集団内に残ることになり、その結果、ますます精子の質の劣化を加速させてしまうことになるわけです。

先ほども述べたように、乱婚のチンパンジーでは、激しい精子間競争によって淘汰され次の世代には残れないような精子の遺伝子やY染色体であっても、ヒトにおいては、一夫一妻制という結婚形態や、著しく進歩した生殖補助医療の助けを借りることによって、集団から消えることなく維持されることになるのです。実際に、デンマークの首都コペンハーゲンでは、自然な妊娠による出生が減り続け、1980〜2000年の間に生まれた子供のなかで、14人に一人は生殖補助技術によって生まれた子供であるといわれています。

Y染色体を持つことの不合理

ところで皆さんは、血友病や筋ジストロフィーなどの遺伝性の疾患や赤緑色覚異常が圧倒的に男性に多いことをご存じでしょうか。また、高校時代に世界史の授業を受けた人の中に、19世紀終わりから20世紀にかけて英国のヴィクトリア女王の血筋を引くヨーロッパ王室で多くの血友病患者が現れたことを記憶している人も多いでしょう（第4章）。その病気を発症したのはすべて男性でした。

これは、ヒトがX染色体とY染色体を持ったがゆえに引き起こされた結果といえます。血友病や筋ジストロフィーの患者、そして赤緑色覚異常の人が圧倒的に男性に多いのは、これらの原因となる遺伝子がX染色体上に存在するからなのです。つまり、男性はX染色体を1本しか持たないため（女性は2本持っている）、X染色体の遺伝子に傷がついてその機能が失われれば、女性と異なり遺伝子の突然変異による障害がそのまま表れてしまいます。このような遺伝子の表現型は、生物の姿、形、色や大きさなどの外見の特徴や、生理機能や行動の特性など、様々な生物学的特徴として表れます。

ところが女性の場合、X染色体を2本持つため、1本のX染色体が傷ついても、もう一方のX染色体は無傷のままです。したがって、傷ついた遺伝子が何らかの障害を引き起こす場合があっても、それが劣性の形質であれば、もう一方のX染色体の正常な遺伝子の働きによって異常な形質が覆い隠されてしまうことになります。このように、女性は男性とは違い、予備のバックアップコピーとなるX染色体をもう1本持っているため、一方の遺伝子に異常を持っていてもその形質は表れないことになるのです。

ところで、ここでいう「劣性」とは、「劣っている」という意味ではありません。劣性遺伝子とは、優性遺伝子と対になった場合、「優性遺伝子に隠れてその形質が表れない」遺伝子のことをいいます（日本遺伝学会は2017年9月、誤解されやすい言葉の表記変更を発表しました。「優性」は「顕性」に、「劣性」は「潜性」に、「変異」は「多様性」になどです。本書の表記は旧来のものを用います）。

したがって、この劣性遺伝子を持つX染色体が男性に伝わった場合は、男性はX染色体を1本しか持たないため必ず劣性遺伝子の表現型が表れることになるのです。一方、女性は劣性遺伝子を持つX染色体2本が対にならない限り、劣性遺伝子の表現型はもう一方の優性遺伝子に覆い隠されて表れません。血友病、筋ジストロフィー、赤緑色覚異常などの劣性遺伝子が二つ巡り合う確率は非常に低いため、女性に劣性遺伝子の表現型が表れる割合は、男性よりもずっと低くなるわけです。

Y染色体を生み出したことによって生じる弊害はそれだけではありません。やっかいなことに、ヒトはY染色体を作りだしてしまったばかりに、女性との間にX染色体の遺伝子の数に大きな違いを生みだしてしまいました。つまり、X染色体を2本持つ女性は、1本のX染色体しか持たない男性に比べ、X染色体の遺伝子が2倍になってしまいます。逆に男性は、X染色体の遺伝子を女性の半分しか持たないことになります。皆さんはたった1本の染色体の違いと思われるかもしれませんが、これはとてつもなく大きな違いといえます。

ヒトのX染色体は、ヒトが持つ染色体の中で、5番目くらいの大きさを持つ染色体です（35〜36ページ【図3−4】）。そして、X染色体には生命活動を営むために必要な遺伝子——つまりこれらの遺伝子が正常に働かなければ生存できないような遺伝子——が数多く含まれています。

一方、Y染色体は、もともとはX染色体と同じものでしたが、男性を決めるという特殊な機能を獲得したことによって、冒頭で述べたように坂道を転げ落ちるようにどんどん退化する道を突き進み、ほとんどの遺伝子を失ってしまう運命をたどることになりました。まさしく男性を決めるという機能を除けば、ほとんど不毛に近い染色体としてその姿を大きく変えてしまったわけです。

したがって、X染色体を1本しか持たない男性は、これら生命活動を営むために必要な遺伝子を女性の半分しか持っていないため、本来ならば生きていくことができないはずです。このように重要な遺伝子を半分しか持たない男性が、どうやって女性たちと同様にちゃんと生存していくことができるのでしょうか？　それは、男性がY染色体を持つことによって、言い換えればX染色体を1本失うことによって生じた、男性と女性が持つX染色体の遺伝子の量の違いをうまく帳尻合わせするためのとても巧妙な仕組みを獲得してきたからです。その仕組みについては第9章で詳しくお話しします。

Y染色体は後戻りできない

Y染色体の存在が男性を決めるという性決定システムは、一見単純で合理的なように思われます。しかしよく考えてみると、男を決めるという機能を持たせるだけのために、X染色体という大きな染色体をまるまる1本犠牲にして、性を決める以外にはほとんど役に立たない遺物のようなY染色体を作りだしてしまったわけです。この結果は、人類がまことに劇的で、そして採算の合わない進化の道すじを選択したことを意味します。

しかし、これはあくまでも結果論です。正しくは、男を決める機能を獲得したことによって、そのような進化をたどるように運命づけられてしまったということなのかもしれません。そして、この進化の所業はとてつもない長い時間と大きなエネルギーを費やしたものであったにもかかわらず、ヒトにとってはほとんど何のメリットも恩恵ももたらさなかったように思われます（なぜY染色体はこのような進化の道すじをたどったのかは、第7章で詳しくお話しします）。

さて、このように傷つき壊れ、どんどん退廃していくY染色体は、このまま朽ち果てていき、もう後戻りできないのでしょうか？　残念ながら答えは「YES」です。「まえがき」で紹介し

遺伝子とゲノムDNA

【図1】ジェニファー・グレイブス博士と筆者（オーストラリア国立大学にて）。

たジェニファー・グレイブス博士（【図1】）が述べたようにY染色体は男性特有の染色体となってからは、退化の一途をたどっています。

この現象は、「マラーの爪車《つめぐるま》説」といわれています。爪車の身近な例として、テニスコートのネットを張る際にワイヤーを締め上げ緩まないようにする器具を思い浮かべてください。この説は、爪車が歯車を噛むように後戻りができず前方に進むしかない進化のことを言います（これを提唱した有名な集団遺伝学者ハーマン・マラーの名にちなんで、その名が付けられました）。

このように、Y染色体は、さらなる退化に向かって進化の歩みを進めていかざるを得ません。では、人類が長年かけて解き明かしてきた男と女という性のシステムに見出したものは、人類滅亡へのメッセージなのでしょうか？

ヒトの性を決め、そしてやがては消滅してしまうかもしれないという劇的な運命を担ったY染色体のミステリアスな進化の物語を、これから詳しく紐解いていくことにしましょう。

ところで皆さんの中には、ＤＮＡ、遺伝子、染色体、ゲノムという科学用語をよく耳にするがその関係がよくわからないという人もいらっしゃるのではないでしょうか。これから染色体の詳しいお話をはじめる前に、まずこれらの言葉の意味とその関係について整理してみます。

まず「細胞」とは、生物体を構成する基本単位、最小単位のことで、ヒトは約60兆個の細胞でできているといわれています。英語ではcellといい、語源であるギリシャ語で「小さな部屋」という意味です。修道院の修道士たちが暮す独居房を「セル」と言い、同じ語源です。

細胞膜で囲まれた細胞の中に「核」があり、その中にＤＮＡが存在します。ＤＮＡとは英語でDeoxyribonucleic acid（デオキシリボースという糖を含む酸性の物質＝デオキシリボ核酸）といい、それを略してＤＮＡとよばれています。遺伝子とは、生物の個体や細胞において子孫に伝えられていく遺伝情報を担うＤＮＡの一部分のことです。そして、このＤＮＡをタンパク質と一緒に折りたたんで収納する入れ物が染色体です。染色体（chromosome）は、カルミンやオルセインなどの塩基性《えんき》の色素でよく染色されることから、この名がつけられました。chrom-はギリシャ語で「色のついた」、-someは「体」を意味します。

遺伝子の情報は、アデニン（頭文字をとってA）、グアニン（G）、シトシン（C）、チミン（T）の4種類の「塩基」という物質で構成されています（65ページ【図14】）。ＤＮＡは、細胞の核の中で裸のままで存在するのではなく、ヒストンという球状のタンパク質に巻きついたヌクレオソームという構造をとっています。そして、このヌクレオソームが何度も折りたたまれて染色体が形成されます。これら4種類の塩基が30億対つながってできたものがヒトのゲノムＤＮＡであり、

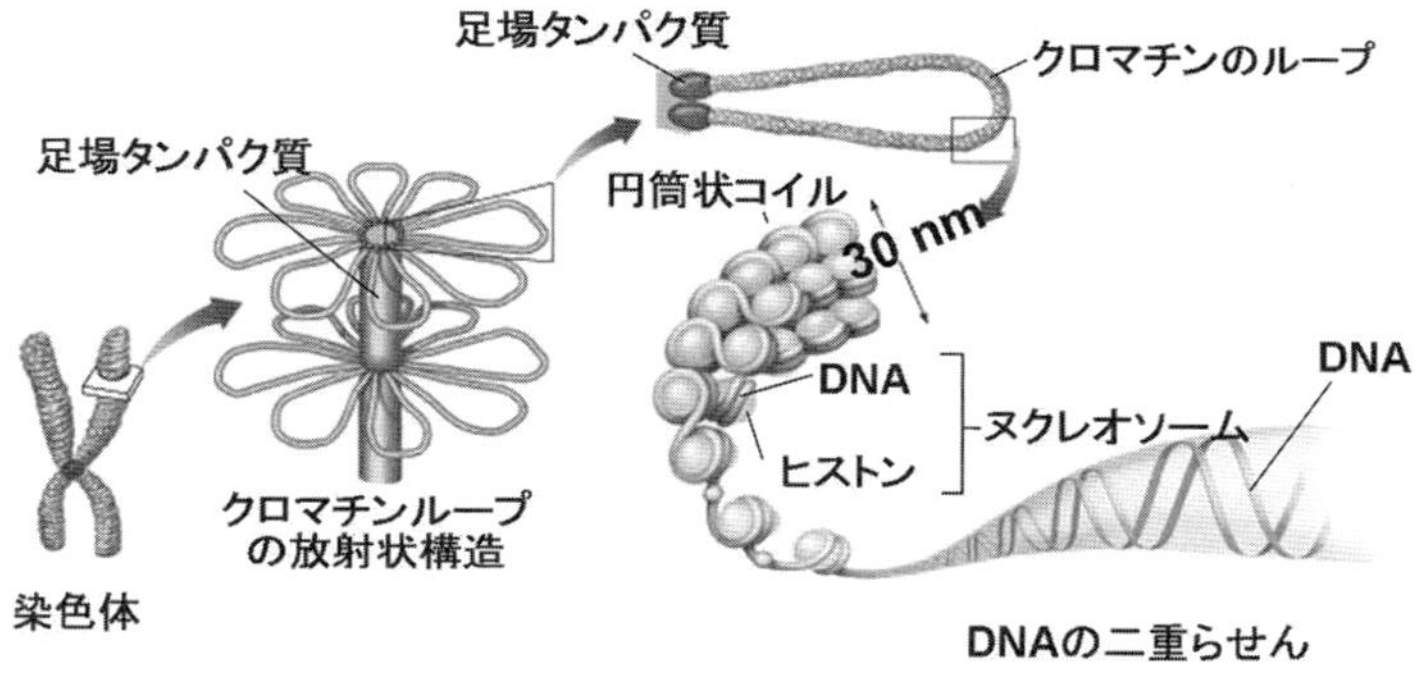

【図２】真核生物のヌクレオソームと染色体の構造。『レーヴン／ジョンソン生物学（第７版）』（培風館）2006年より図を改変（P211, 図11.6）

その中にヒトが生命活動を営む上で必要不可欠な遺伝情報（遺伝子）が含まれています（ゲノムとはドイツ語で、「遺伝情報のすべて」という意味）。したがって、染色体に含まれるすべての遺伝情報がゲノムということになります。この地球上に生存する約73億人が、一人として同じ姿かたちでない理由は、ゲノムに含まれる遺伝情報が一人一人違うからなのです。

　ゲノムを構成するＤＮＡの文字がすべて解読される以前は、ヒトの遺伝子は少なくとも10万個くらいはあると予想されていました。あるいは、人体の複雑な構造と機能を見れば、それらをつかさどる遺伝子の数はもっと多いはずだと考えていた研究者もいました。しかし、２００３年４月にアメリカが中心となってヒトのゲノム配列が解読されると、驚いたことにヒトの遺伝子は約３万２０００個しかないということがわかりました。そして、その後の解析で修正が加えられ、ヒトの遺伝子数は２万２２８７個であることがわかっています。30億塩基対からなるヒトのＤＮＡの中で遺伝子が占める割合は全体の

3％にも満たず、残りはタンパク質の情報を持たない領域であることもわかりました。つまり、遺伝子はゲノムDNAのごく一部分を占めているに過ぎないということになります。

ところで染色体は細胞の中で、いつ、どのようにして観察できると思いますか？　意外に多くの人が、染色体は核の中に詰め込まれていて、いつでも観察できると思っているようです。染色体が形づくられその行動が観察できるのは、細胞が二つの細胞に分裂するときに限られています。それ以外の時期は「間期《かんき》」と呼ばれ、染色体はヌクレオソームによって形づくられるクロマチンという細くて長い繊維状の構造体として、核の中に分散して存在しています。

染色体は、細胞が分裂するとき、核の中に広がっていたクロマチン（染色質＝染色されやすい物質）がしだいに凝縮し、はっきりとした輪郭を持った構造体となって現れ、顕微鏡で観察することができるのです。二つの細胞に染色体が等しく分配されることによって、子孫の細胞に遺伝子が受け継がれていきます。

遺伝子や染色体は時間とともに変化する

地球上に生息する生物を眺めてみると、驚くほど多様性に満ちています。たった1個の細胞しか持たず顕微鏡でしか観察できないような微小な生き物もいれば、ヒトを含め、何十兆もの細胞で形づくられている生物もいます。また、マグマが噴き出す海底や高温の温泉、光の届かない深海や洞穴、さらに南極や北極などの過酷な環境に生息する生き物などと多種多様です。

このような多種多様な生物には、共通する特徴があります。それは、すべての生物が細胞を持ち、ゲノムDNAを生命の設計図として用いていることです。

遺伝子はその重要さゆえに、保守的で変化しないものであると考えられがちです。しかし実際は、細胞を持つ生命体が約38億年前に誕生して以来、最も原始的なバクテリアからヒトに至るまでの長い進化の過程で、生物は生命の設計図である遺伝子の構造や働きを絶えず変えることによって、姿かたちを様々に変えてきました。そして、無数の生物が生まれては消えていったのです。わたしたちヒトは、38億年という気の遠くなるような長い時間をかけて営まれてきた生物進化の産物であるわけです。

こうして、遺伝子は気の遠くなるような長い年月をかけて絶えず変化してきたわけですが、遺伝子と同様に、ゲノムDNAの入れ物として次世代に遺伝子を運ぶ役割を担う染色体も、生物の進化とともにその数や形、そしてその構造や機能を大きく変化させてきました。

ヒトの染色体

【図3】（男性）と【図4】（女性）は、ギムザという染色液で染色したヒトの男女の染色体の「核型《かくがた》」を示しています。核型とは生物のそれぞれの種が持つ特有の染色体の「数と形」のことをいいます。ヒトは男女ともに46本（23対）の染色体を持っています。両方の写真では、形と大きさが同じ染色体を2本ずつセットにして大きい順に並べてあります。23種類の染色体は必ず2本一組となっており、男性と女性が共通に持つ「常染色体」（性染色体以外の染色体）と呼ばれる22対（44本）の染色体と、男女間で異なる1対（2本）の「性染色体」から構成されています。

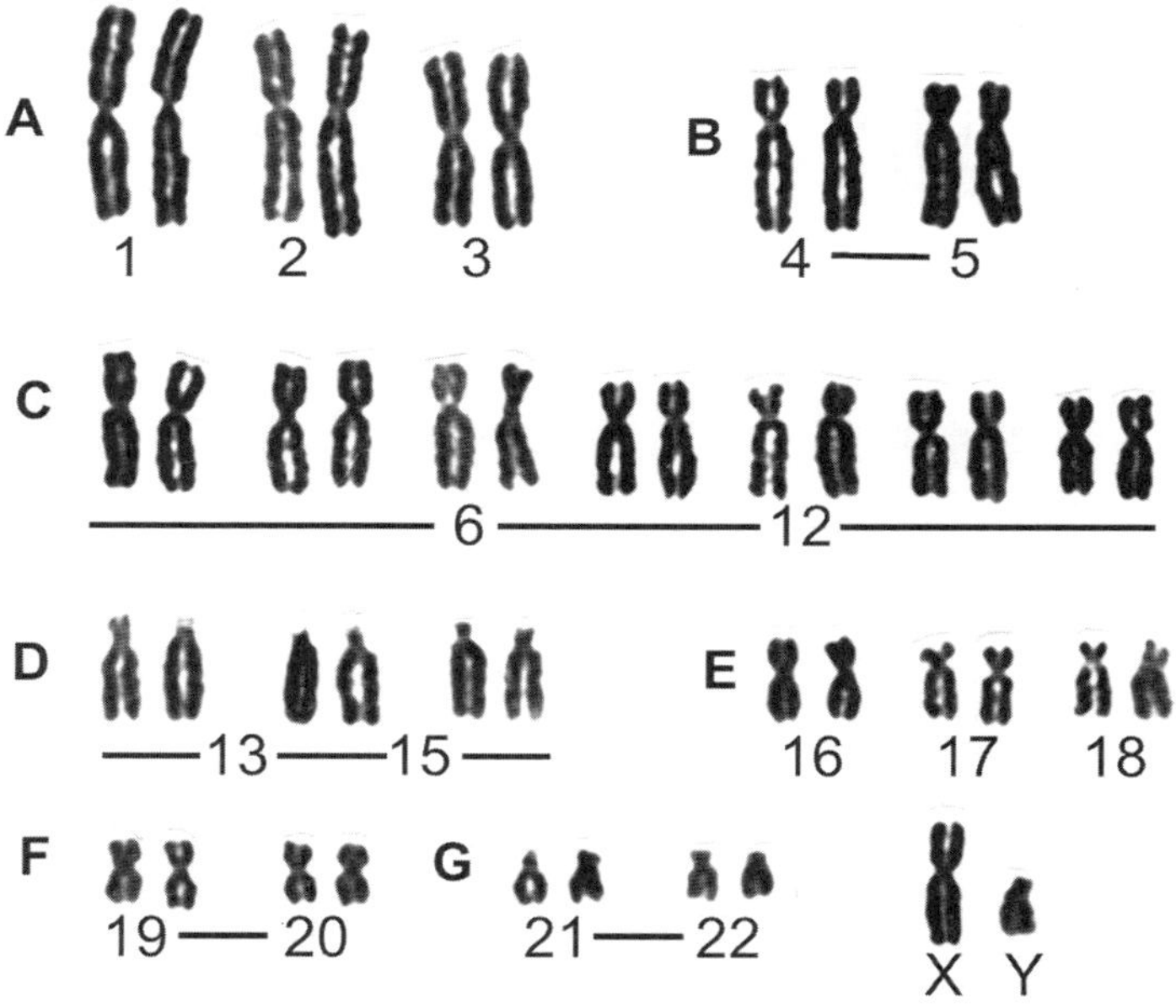

【図３】ヒト男性のギムザ染色核型。

染色体が二つの細胞に均等に分配されるには、「動原体」と呼ばれる「くびれ」（ペンチの要のような部分）が重要な働きをします。細胞分裂の際に染色体は両極に引っ張られ、二つの細胞に分配する役目を持つ「紡錘糸《ぼうすいし》」が付着するところが「くびれ」で、その位置によって染色体の形が決まります。常染色体はその大きさと動原体の位置によってA～Gという七つのグループに分けることができるのです。しかし、一部の染色体は大きさや形が似ており、ギムザ染色だけではすべての染色体を正確に識別できないため、「6—12」というような表示になっています（【図3～4】）。

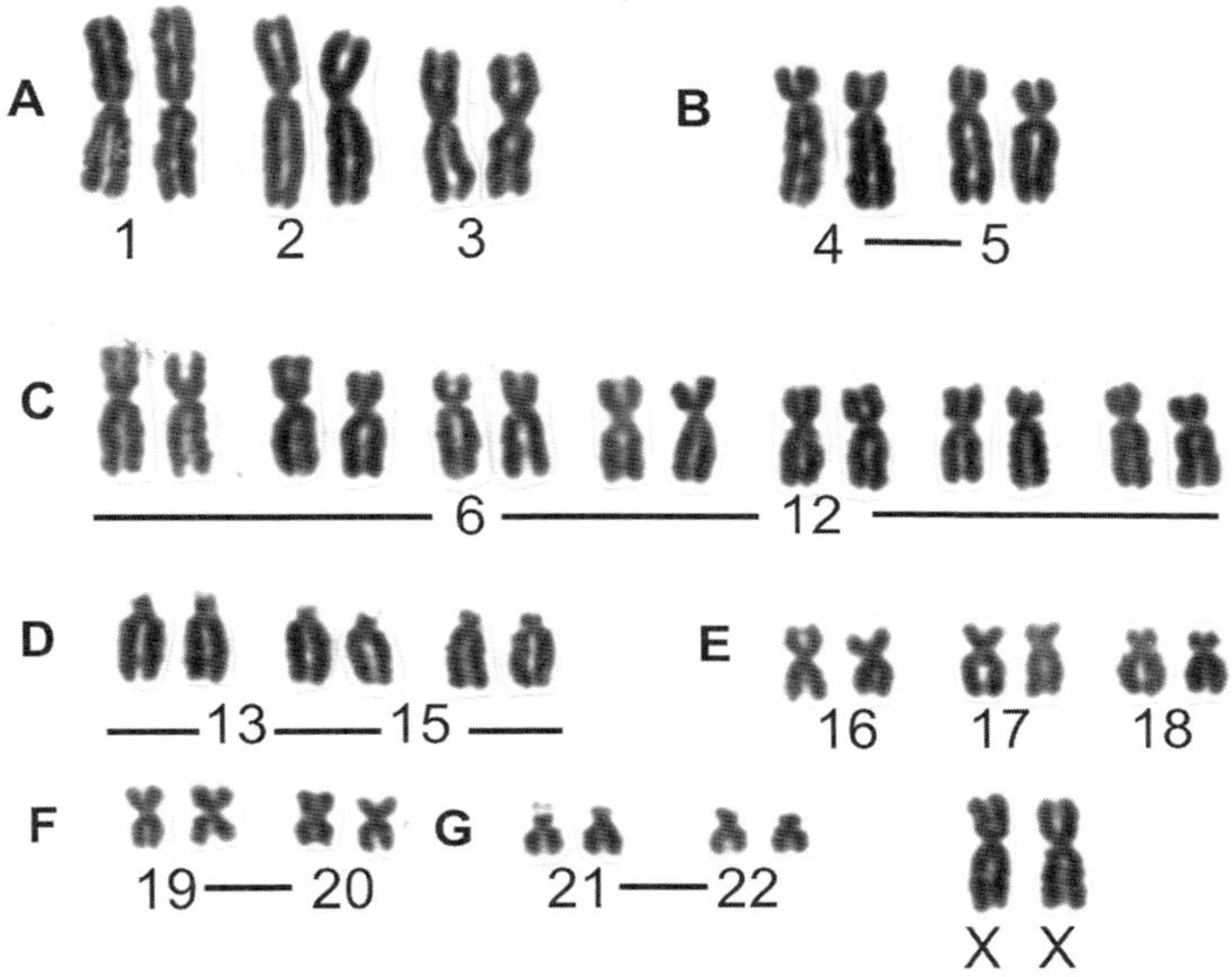

【図4】ヒト女性のギムザ染色核型。

【図3】と【図4】の最後に並べてある染色体をご覧ください。男性は中央部に動原体を持つ大型のX染色体1本と、末端付近に動原体を持つ比較的小型のY染色体を持つのに対し、女性はX染色体を2本持っています。X染色体とY染色体は、それらの組み合わせが個体の性別を決定することから、「性染色体」と呼ばれているのです。核型は、染色体数、性染色体構成の順に記載され、男性は「46, XY」、女性は「46, XX」と表されます。

女性が持つ性染色体は2本ともX染色体であることから、子供はかならず母親からX染色体を一つ受け取ることになります。父親からも性染色体を一つ受け取るのですが、男性はX染色体とY染色体をそれぞれ1本ずつ持っているため、精子を介して子供にY染色体が伝われば男性、X染色体ならば女性になります。したがって、子供が男か女かは父親側の精子の種類（XかYか）で決まることになるのです。

テレビのドラマなどで、古い旧家に嫁いだ嫁が女の子ばかりを出産し長男が生まれないということで姑に責められるシーンを目にすることがありますが、これはお門違いというものです。嫁にまったく責任はありません。男が生まれない原因は、男性側にあるからです。

性染色体の発見の経緯については第3章で詳しく述べますが、X染色体という名前は、これを初めて発見したドイツの生物学者ヘルマン・ヘンキングによって命名されたといわれています。ヘンキングは、昆虫の精巣の染色体を観察しているときに、他の染色体とは異なる奇妙な行動をとる染色体を見つけました（78ページ【図18】）。ヘンキングは、この謎めいた染色体を、他の染色体とは異なる行動をとる不思議な染色体ということで、「？（はてな）」（方程式の解のXに相当する）の意味で「X染色体」と名づけました。あるいは、他の染色体とは異なる余分な（extra）染色体という意味でX染色体と名づけたという説もあります（形がX字型をしているからX染色体と名づけられたのではありません）。

多くの染色体は、長さや形である程度区別することができますが、「G-分染法」という染色方法を用いれば、個々の染色体を正確に識別することができます（【図5】）。トリプシンというタンパク質分解酵素を用いて、染色体を構成するタンパク質を変性させ、ギムザ液で染色すると、G-バンドと呼ばれる縞模様（横縞模様）が現れます（【図3】【図4】と見比べてください）。そして、各染色体はそれぞれ独自の縞模様のパターンを持つため、その違いによって染色体を区別するこ

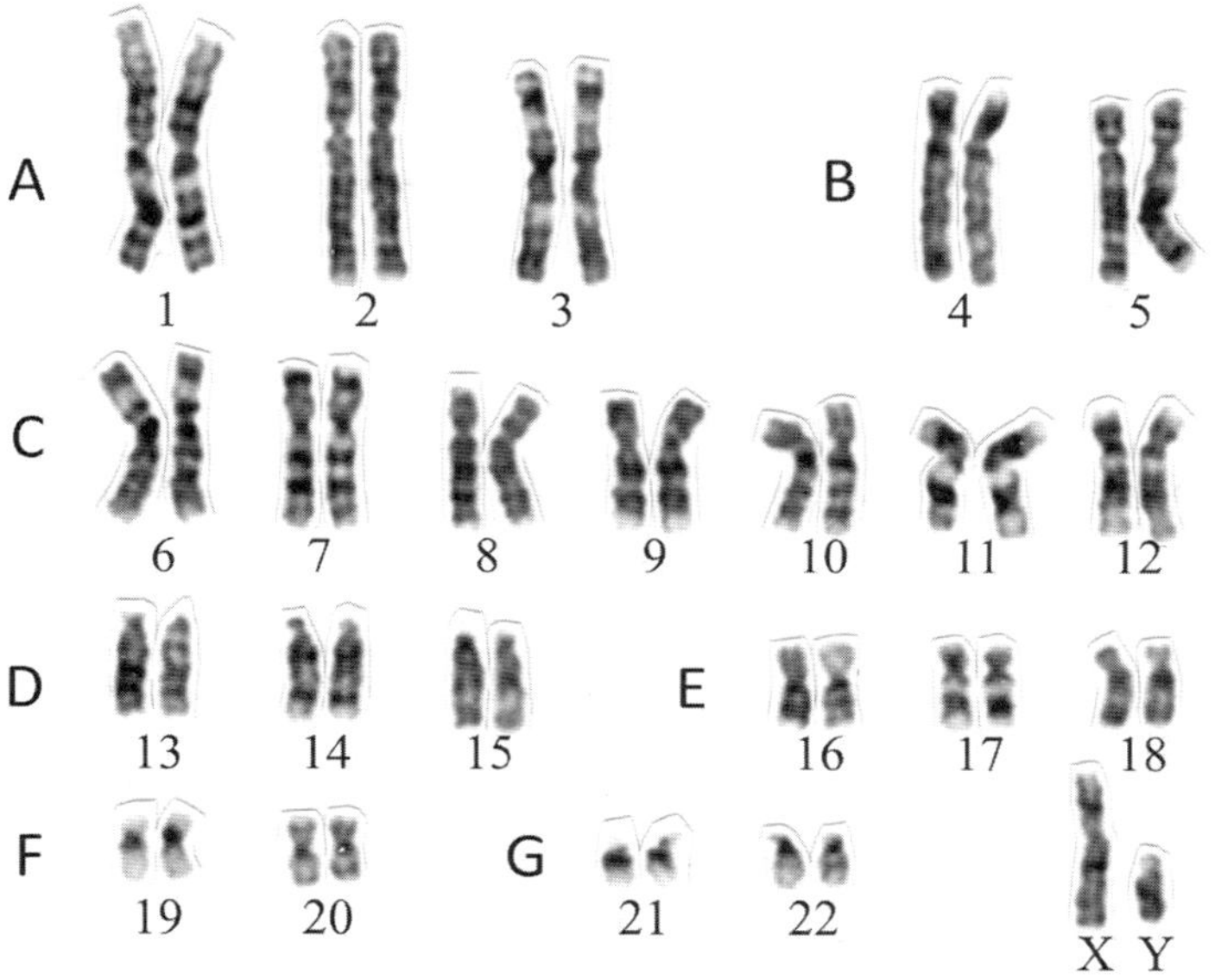

【図5】ヒト男性のG-分染核型。

とができるわけです。

わたしたちは、これらの染色体の一組（23本の染色体）ずつのセットを、それぞれ父親の精子と母親の卵子から受け取っています。この精子と卵子が持つ、わたしたちが生命機能を営むために必要な遺伝子群を含む染色体の一組が、31ページで説明したゲノムです。つまり、わたしたちの身体を作り上げている約60兆個にもおよぶすべての細胞は、それぞれ父親と母親から受け継いだゲノム、すなわちそれぞれのゲノムに含まれる遺伝子を2セット持っていることになります。

ヒトのゲノムを構成しているDNAは、いったいどれくらいの長さになるのでしょうか？　簡単な計算をしてみましょう。ヒトのゲノムは4種類の塩基が30億対つながってできたものであることはすでに述べました。そして、塩基と塩基の間の距離は0・34ナノメートル（nm）（ナノメートルは1mの10億分の1）ということがわかっていますので、それにAGCTの文字数30億をかけると、

$$(0.34 \times 10^{-9})\ \mathrm{m} \times 3 \times 10^{9} = 1.02\ \mathrm{m}$$

1mにもおよぶ長いDNAが23種類の染色体（22本の常染色体と1本のX染色体またはY染色体）に分配されて存在していることになります。

「体細胞」とは細胞の中で「生殖細胞」以外のことを指します。わたしたちの「体細胞」はこのゲノムDNAを2セット含みますので、「二倍体」の細胞で構成されていることになります。それに対して、精巣や卵巣に含まれる「生殖細胞」から作り出される精子や卵子に含まれるゲノムDNAは1セットしかありませんので、これらは「一倍体」と呼ばれます。

したがって体細胞には、伸ばしてみると2m以上にもなる長いDNAが、せいぜい数十マイクロメートル（μm）（マイクロメートルは1mの100万分の1）程度のとても小さな核の中に収められていることになるのです。数十マイクロメートルとは顕微鏡でやっと観察できる大きさです。核の大きさをテニスボールにたとえると、20㎞ぐらいの長さの糸がテニスボールの中に詰まっていることになります。

【図6】は、染色体を構成するヒストンというタンパク質を酵素で分解したときに、染色体がほどけて飛び出したDNAの電子顕微鏡写真です。タンパク質という足場をなくした長いDNAがほどけてループアウトしていることがおわかりいただけると思います。このように、細胞はとて

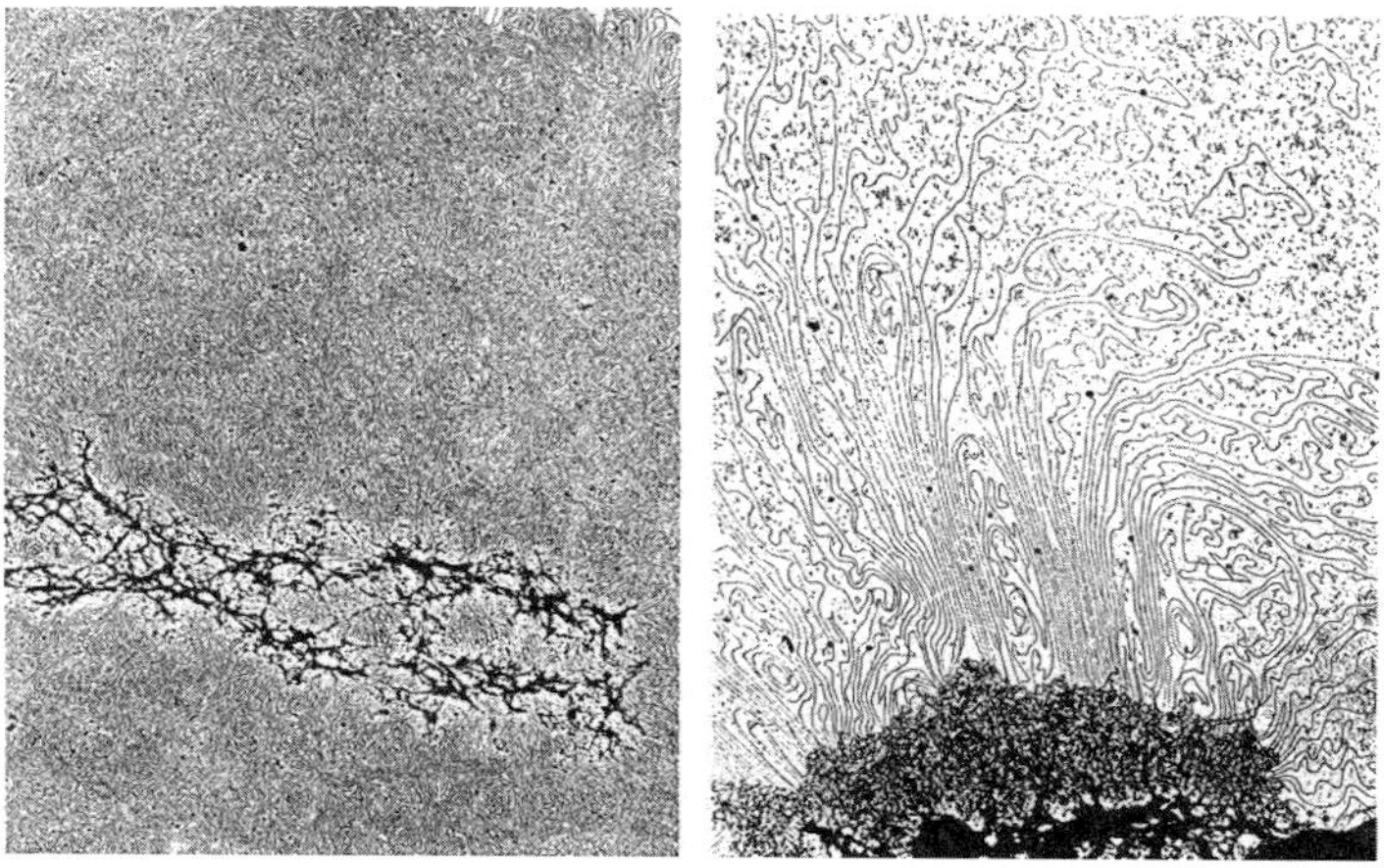

【図６】ヒストンタンパク質を除去したヒト Hela 細胞の染色体の電子顕微鏡写真。左図で濃く染まっている部分は、まだタンパク質が完全に除去されずに残っている染色体の残骸を示す。右図は左図を拡大したもので、染色体からＤＮＡがほどけてループアウトしていることが分かる（Paulson & Laemmli, 1977）。出典：*Cytogenetics* 2nd ed., Swanson Carl P. ed., Prentice-Hall Inc., 1981（p142, Fig. 3.56a; p143, Fig. 3.56b）

つもなく長いＤＮＡを秩序正しく折りたたみ、そして絡まることなくＤＮＡを複製しては新しい分裂細胞に分配するという作業を、正確に、そして短時間でおこなう実に精巧な機能を持っています。細胞が持つ能力の凄さには、ただただ驚くばかりです。

Ｙ染色体の退化と有性生殖

ヒトのＹ染色体の退化には、「有性生殖」という生殖様式が大きくかかわっています。雄と雌という性を持ち、雄の精子と雌の卵子が受精することによって次世代の個体が作られる生殖様式を有性生殖と呼びます。有性生殖をおこなう生物には、「減数分裂」という特殊な細胞分裂過程がみられます。減数分裂とは、精子や卵子、いわゆる配偶子が形成される時に起こる細胞分裂のことであり、細胞が持つ染色体の数を半分に減少させる細胞分裂の過程をいいます。有性生殖による生物では、精子と卵子が受精することによって染色体数が2倍になるのを見越して、配偶子の染色体数をあらかじめ半分に減らしておく必要があるわけです。つまりヒトでいえば、雌雄とも23対46本ある染色体が受精することによって46対92本の染色体とならないように、あらかじめ半減させるのです。

有性生殖では、減数分裂のときに「染色体組換え」という現象が起こります。これは、父親と母親から受け継いだ「相同染色体」と呼ばれる同じ形の一対の染色体の間で染色体が切れて互いにつなぎ換わる現象です。わかりやすくいえば、染色体組換えによって、父親と母親由来の染色体部分が入り混じった染色体が作られます。有性生殖の最大の利点は、減数分裂によって、父親の染色体でも母親の染色体でもない、オリジナルな新たな遺伝子の組み合わせを持つ染色体を作りだせることです。こうして遺伝的な多様性が生みだされることによって、環境の変化に対して、より適応できるようになると考えられているのです（有性生殖の意義と減数分裂については、第2章でさらに詳しくお話しします）。

染色体組換えのもう一つ重要な点として、X染色体の遺伝子に何らかの障害が起こった場合、女性は2本のX染色体を持ちもう1本は正常であるため、異常を持つ遺伝子の部分を正常な染色体との間で組換えることによって、もとの正常なX染色体に戻ることができます。

一方、Y染色体の遺伝子に異常が起こった場合は、正常な遺伝子を持つX染色体と組換えを起こすことができず、異常な遺伝子を正常な遺伝子に置き換えることができません。したがって、Y染色体の遺伝子に異常が起こったが最後、その遺伝子は正常に戻ることができず機能を失った死んだ遺伝子となり、しだいにY染色体から失われてY染色体はどんどん退化していったのです。これが先に述べた「マラーの爪車説」で、退化の道を突き進むしかないY染色体の進化の主な原因です。

しかし、ここでとても面白いことが起こります。突然変異を起こしたY染色体のすべての遺伝子が、壊れてその働きを失い、残骸となって消え去ってしまうわけではありません。ただ単に遺伝子がなくなるだけの運命を受け入れているわけではないのです。中には突然変異で遺伝子の構造が変わることによって、もともとX染色体上にあった時の働きを変えて生き延びることがあります。そのような遺伝子は、Y染色体独自の新たな機能を持った、すなわち男性特有の遺伝子（そのほとんどは精子の産生《さんせい》にかかわる遺伝子）に変化することによってY染色体に留まることができるのです。これはY染色体の一種の生き残り戦略といえるでしょう。

このように、Y染色体は男を決める機能を持つだけでなく、精子を作るために必要な多くの遺伝子を含むことから、Y染色体がなければ男性は存在せず、ましてや次世代に自分の遺伝子を伝える精子を作ることもできません。生きるうえでは、なくてもよい染色体にまで身を落としながらも、男を作るという能力において、そして男が精子を通して自らの遺伝子を次世代の子孫に伝えるうえで絶対不可欠な存在となったわけです。

ヒトの性決定遺伝子 SRY の発見

ヒトの性決定遺伝子とは、文字通り、性を決定する機能を持つ遺伝子でＹ染色体上にあります。この遺伝子は１９９０年に発見され、脊椎動物で見つかった最初の性決定遺伝子として、世界中の研究者の注目を浴びました。性決定遺伝子は、Ｙ染色体上にある性決定遺伝子を含む部分が、偶然Ｘ染色体に乗り移ったことによって性転換が引き起こされたＸＸ型男性と、逆にそれがＹ染色体から失われたＸＹ型女性の研究から見つけ出されたものです。この遺伝子は「Ｙ染色体上に存在する性を決める領域の遺伝子」という意味で、*SRY*（Sex determining Region on the Y chromosome）と名づけられました（遺伝子記号はイタリック体で表記するという決まりがありますので本書もそれに倣います）。*SRY* を持つＸＸ型（ＸＸ型は通常 *SRY* を持たない）、そして *SRY* を持たないＸＹ型（ＸＹ型は通常 *SRY* を持つ）のヒトは、外見上は正常な男性あるいは女性となりますが、精子や卵子を作ることができないため不妊になります。

この遺伝子の発見に至るまでに英国と米国の研究者の間で白熱した国際競争がありましたが、最終的には、英国のピーター・グッドフェローとアンドリュー・シンクレアらがその競争に勝利しました。

そして１９９１年には、グッドフェローの共同研究者であるロビン・ラヴェル＝バッジが、ＸＸ型の性染色体を持つ雌のマウスの受精卵に *Sry* 遺伝子を注入するという実験をおこないました（ヒトの遺伝子の場合、３文字で表す遺伝子の略名をすべて大文字にする決まりがあるため *SRY* と表記しますが、マウスでは最初の１文字だけを大文字にして続く２文字は小文字にし *Sry* となります）。すると、生まれてきたマウスは、遺伝的には雌であるにもかかわらず、この遺伝子が発現することによって精巣を持つ雄になりました。この結果は、ヒトの*SRY*遺伝子が、雄化（精巣化）を促す性決定遺伝子であることを示しています。

*Sry*遺伝子を持ったXX型マウスは精巣を作りましたが、精子が作られることはなく不妊となりました。つまり、*Sry*遺伝子は雄化を引き起こす性決定遺伝子ではあるが、精巣を正常に発育させる働きはなく、ただ単に雄を決めるだけの遺伝子であることもわかりました。このような遺伝子の働きを、銃の引き金（トリガー）に例えて、「性決定のトリガーになる遺伝子」といういい方をします。

ヒトとネコの性染色体の構造はほとんど変わらない

染色体の構造は、進化とともに大きく変化することを述べましたが、ヒトが持つX染色体は、他の哺乳動物のX染色体と比較してもその構造はほとんど違いがないことが知られています。ヒトとネコの性染色体を例に挙げて、この現象についてご説明しましょう。

【図7】は、ヒトとネコのX染色体とY染色体の「比較染色体地図」です。このように、染色体に存在する遺伝子の種類や位置、そしてその並び方を地図のように表したものを「染色体地図」といいます。図の中の欧文は遺伝子の記号を表し、横線で結んだようにヒトとネコでほとんど共通していることがわかります。

この比較染色体地図をご覧いただければわかるように、約9000万年以上前に分岐したとい

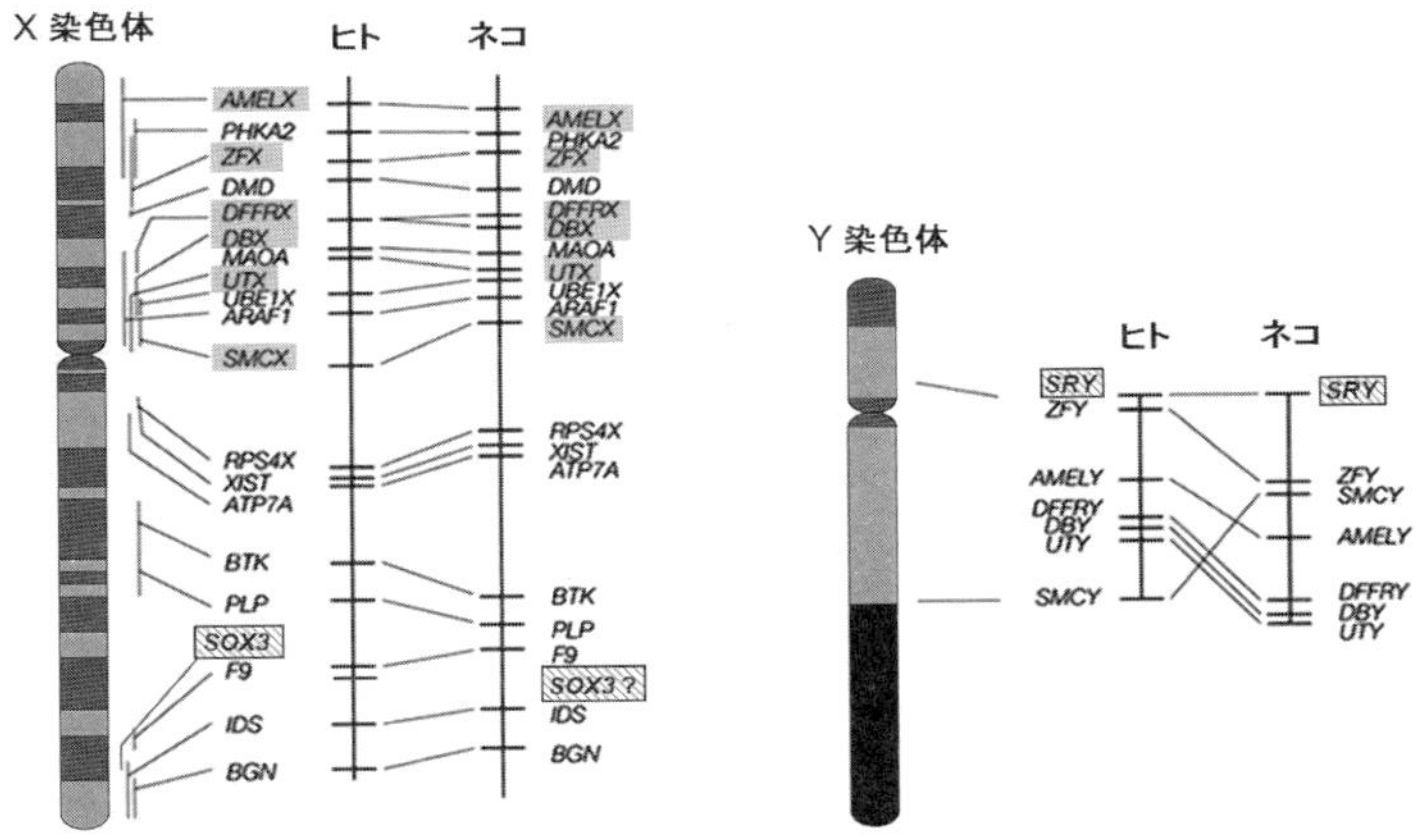

【図7】ヒトとネコのX染色体とY染色体の比較染色体地図。

われるヒトとネコの間でもX染色体上の遺伝子の種類やその並び方にほとんど違いはありません。X染色体の構造は哺乳類全体を通して非常に保存性が高いことがわかっています。

Y染色体のほとんどの遺伝子は、かつてX染色体にあった遺伝子が突然変異によって異なる遺伝子に変化したものです。図の中の欧文で網点がかかったX染色体の遺伝子は、Y染色体でも消失せずにまだ残っている相同（起源が同じで遺伝的に等しいもの）な遺伝子です。つまり、すでに述べたように、もともとはX染色体にあった遺伝子が、突然変異によって新たな機能を獲得し、壊れて消え去ることなくY染色体上で生き残ったものです。ちなみに、ヒトの性決定遺伝子*SRY*は、X染色体上の*SOX3*という遺伝子が変化したものと考えられています。

実際に消失をまぬがれ、Y染色体上にその命をとどめている遺伝子のほとんどは、このような男性特異的な機能を獲得した遺伝子なのです。したがって、

Ｙ染色体には男性を決める遺伝子だけではなく、生殖機能にかかわる遺伝子も含まれるため、不妊症の原因となる精子数の減少や欠乏、精子の機能欠損なども、こうしたＹ染色体のもろさと関係しているようです。実際に、不妊症の男性には、Ｙ染色体の遺伝子に異常が見られることがあります。

第2章　「性」はなぜ存在するのか

ヒトを含め、有性生殖をおこなう動物のほとんどは、男と女、雄と雌という二つの性を持っています。そして、雄の精巣で作られる精子と雌の卵巣で作られる卵子によって、次世代の子孫に自分たちの遺伝子が受け継がれていきます。では、そもそもなぜ「性」は存在するのでしょうか。「性」が存在する意味とは何なのでしょうか。第2章では、有性生殖と減数分裂という視点から、「性」について考えてみます。

ヒトはそもそも女性になるようにできている

なぜ男と女が存在するのか？　そしてその違いはどのようにして生みだされるのでしょうか？これらの謎は、アリストテレスが書いた『動物発生論』以来、多くの研究者の間で延々と論じられてきた生物学の永遠の大命題です。そしてそれは、アリストテレスが哲学の中心的課題とした「存在の根源的な意味」にも通じるものでありました。

それでは、当時の人たちは「性」というものをどのように意識していたのでしょうか?

皆さんは、ギリシャ神話に登場するヘルマフロディトスという神の話をご存じでしょうか?青年神であるヘルメスを父に、愛と美と性を司る女神であるアフロディーテを母に持つヘルマフロディトスは、カリアの森の泉の精サルマキスの誘惑を拒否したことから、サルマキスの願いを聞き入れたゼウスによって二人の体は永久に融合され、両性具有者に変えられてしまいました。羞恥と悲嘆に暮れたヘルマフロディトスは憤り、自分も神に誓願を立て、この水を飲み浴びたものは両性具有になるように泉を変えてしまったといいます。

ルーヴル美術館に所蔵されている、有名なボルゲーゼの「眠るヘルマフロディトス」の像を見ると、男性の性器をもちながら豊かな乳房と丸みを帯びた体つきの女性の官能的な姿をしています(【図8】)。そして、この神の名前が、「両性具有」「雌雄同体」を意味する"hermaphrodite(ヘルマフロダイト)"という言葉の語源となっています。この名は、両親の名前にちなんでいるだけでなく、美しい女体を持つ美少年(ヘルメスにしてなおかつアフロディーテ)という意味を持つといわれています。このように、当時は男性と女性の美を合わせ持つ両性具有が美の理想と思われていたようです。

古代ギリシャの文化・思想に由来するヘレニズム世界においては、原初の人間を両性具有者と考える信仰があったことはよく知られています。たとえば、プラトンの「饗宴」では、原始の人間は、背中同士でくっついて頭が二つで手足が4本ある形をもち、それらは男と男、女と女、男と女の三種類の組み合わせがあったといわれています。そのなかで、男女が一体となった原始の

【図 8】「眠るヘルマフロディトス」像。ルーヴル美術館所蔵。https://www.nyest.hu/hirek/nem-vagyok-bigott-ez-tudomany より

人間はアンドロギュノス（androgynous）と呼ばれ、ゼウスによって体を二つに裂かれて男と女が別々の性を持つ人間となりました。そのため、男と女が惹かれあうのは、かつての半身を互いに求め合うためであるといわれています。男と男、女と女同士が惹かれあう同性愛はこの例には当てはまりませんが。

〝androgynous〟はアンドロジナスとも呼ばれ、ギリシャ語で男性を意味する語幹である〝andro〟と女性を意味する〝gyn〟が合わさってできた言葉で「男女両性の特徴を持つ」という意味になります。上記のヘルマフロダイトのように、男性の性器と女性の体の特徴を持つ、あるいは多様な動物に見られるような雄と雌の生殖腺を持つ雌雄同体とは少し意味合いは異なりますが、両性具有ということでは類似しています。

また、旧約聖書の「創世記」では、神はア

【図9】シャガールは下半身を共有したアダムとイブの絵を何枚も描いている。Marc Shagall, 1911-12

【図10】ヒンドゥー教の神シヴァも、両性具有者として描かれていることが多い。https://www.hindudevotionalblog.com より

ダムのあばら骨からイヴを作ったと記されています。これは、あくまでもヒトのおおもとの性は男であり、女は男から派生した従属的な性であると認識されていたことを示しています。実際には、ヒトを含めた哺乳類はこの逆です。わたしたちはもともと女性になるようにできていて、Y染色体を持つことによって男性化がうながされます。

一方、古代ヘブライ人の思想に由来しユダヤ教を含めたキリスト教に受け継がれたヘブライズムの世界では、神はアダムを両性具有者として創造し、イヴはアダムから取り出されたものではなく、二人が性的至福にあるのを嫉妬した神によって切り離されたといわれています。つまり、神を怒らせた原因は神の言葉にしたがわなかったからではなく、性的行為とその快楽であったと考えられます。

ユダヤ教徒であった画家シャガールは、この神話をモチーフにして、下半身を共有したアダムとイヴの絵を何枚も描いています（【図9】）。さらに、インド神話に出てくるシヴァも両性具有の神として知られ、その妻であるパールヴァティと合体した両生具有者の姿でよく描かれています（【図10】）。

このように神話を眺めてみると、両性具有の話が頻繁に語られており、人類は古くから両性具有に対していかに並々ならぬ興味と美意識をもち、そして愛着を感じていたかがよくわかります。性の根源は男と女、雄と雌の二つに分けるものではなく、本来は同一のものから生まれ出たものと考えていたのかもしれません。そして、両性具有が醸し出す霊感と美の意識は、ギリシャ彫刻をはじめとした美術に多大な影響を与えることになったのです。

無性生殖と有性生殖

ヒトや、犬、猫などを見る限り、雄と雌という二つの性があり、それらが作りだす精子と卵子が受精することによって子孫が生みだされます。このように、性と繁殖は密接に結びついたものですが、だからといって異なる性が存在することが繁殖に必要不可欠かというとそんなことはありません。また、発生や成長など、生物が生きていく上でも性は必要ありません。そう考えると、性は約38億年前に細胞を持つ生命が誕生した後に新たに出現したものといえます。

生物が子孫を作りだす様式としては、「無性生殖」と「有性生殖」と呼ばれる二つの様式があります。文字通り無性生殖によって繁殖する生物に性はなく、細胞分裂で自分の分身であるクローンを作りだすことによって、自分の遺伝子を後代に伝えていきます。

最初の「原核生物」は約38億年前に誕生したと考えられています。原核生物とは、生物進化の初期に出現した、核膜でおおわれた核を持たない細胞からなる原始的な生物で、細菌類や藍藻《らんそう》類がこれに属します。核を持たず染色体も形成されないため、ゲノムDNAは裸のままの状態で折りたたまれた「核様体」と呼ばれる状態で存在しています。また、ミトコンドリアや小胞体などのような細胞内にある小器官も持っていません。そして、原核生物には性はなく、すべて無性生殖によって増殖します。

その後、大きく遅れて約20億年前に誕生した「真核生物」は、核膜で囲まれた核と細胞小器官を持つ細胞からなり、動物、植物、菌類、原生生物などがこれに属しています。真核生物のゲノムDNAはむき出しではなく染色体の中に収納され、細胞分裂によって新たにできた「娘細胞《むすめさいぼう》」（一つの親細胞から作られたまったく同じ二つの細胞）に、そして、有性生殖によって配偶子を介して次の世代に受け継がれていきます。

無性生殖は原核生物特有のものではありません。単細胞のアメーバや多細胞からなる原生生物のワムシのような真核生物にも、無性生殖するものがいます。つまり、有性生殖は真核生物にとって不可欠なものでなく、性というものを繁殖とは別の視点からとらえる必要があるといったのはこういう理由からです。

真核生物が誕生し、そして性が出現したのはおそらく太古の昔の海の中であったと考えられています。広大な海の中で、異なる性の配偶子が巡り合うことは極めて低い確率になります。そのため、まず生物は自らを分裂させて増殖する無性生殖という繁殖手段を用いていたのでしょう。

そして、性を獲得した後は、サイズも形も大きく異なる異型の配偶子が作られるようになりました。卵子と精子です。広く大きな海の中で異なる配偶子が巡り合い、受精卵が育っていく繁殖の効率を究極まで高めるために、運動性がなく大きくて栄養を蓄えた配偶子である卵子と、極力無駄なものを排除し海の中を泳ぎまわって卵子にたどり着くためだけに特化された、小型で運動性に富んだ精子が作られたと考えられています。

ビールの醸造に使うビール酵母やパンを作るのに使うパン酵母は、たった一つの細胞から成る単細胞の生物ですが、染色体を持つ真核生物であり、子嚢菌《しのうきん》と呼ばれる菌の仲間に属しています。このカビの一種は、二つの異なる方法を用いて子孫を残す、ちょっと変わった生物です。つまり無性生殖と有性生殖の両方で自らを増殖させるのです。

無性生殖の世代では、「出芽」という方法で増殖することから、「出芽酵母」と呼ばれています。細胞の一部分に芽のような膨らみができ、成長した後にそれが切り離されることによって娘細胞が作りだされます。

一方、「分裂酵母」と呼ばれる別の仲間は、細胞が真二つに分裂して増殖します。これらの酵母は、栄養が十分にある時は、単に細胞分裂だけで増殖できる無性生殖によって増殖します。しかし、栄養の不足などによって生育環境が悪化すると、有性生殖をおこなうのです。このような下等な微生物でも接合型という性がちゃんとあり、「a細胞」と「α《アルファ》細胞」という異なる2種

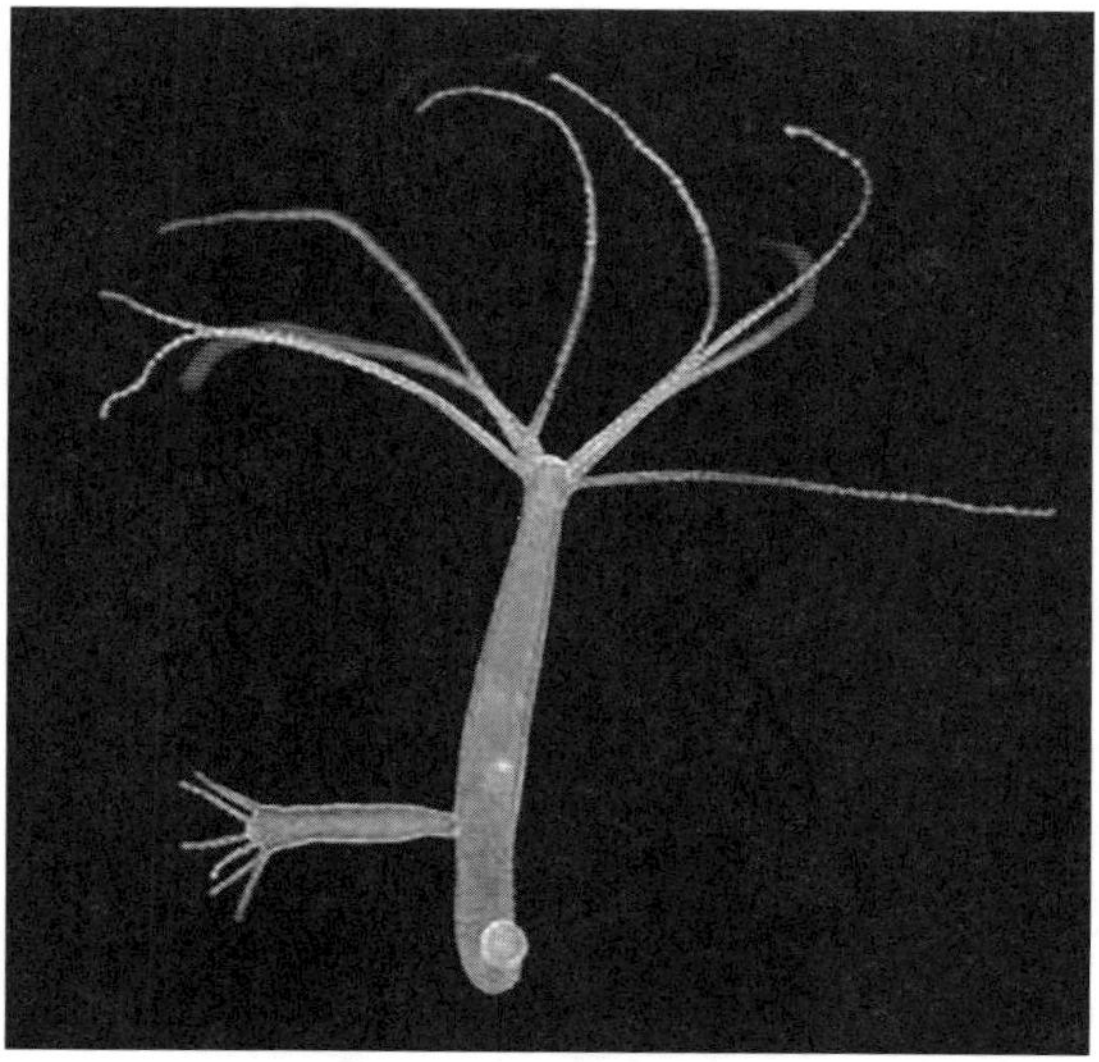

【図11】腔腸動物のヒドラも出芽によって自らの分身を増殖させることができ、無性生殖をやめて精子と卵子を作ることもできる。KLM BioScientific より。

類の性が出会うと接合が起こり、細胞が融合します。融合した細胞は互いの遺伝子を混ぜ合わせて、新しい遺伝子の組み合わせを持つ次世代の細胞、つまり「胞子」と呼ばれる配偶子を作るのです。

皆さんは池の水草などにくっついているヒドラ（【図11】）という半透明の小さな生物をご覧になったことはあるでしょうか？　何とか肉眼で見分けられるようなこの小さな動物は腔腸類《こうちょうるい》という仲間に属し、複数の細胞で構成される多細胞生物です。この動物も酵母と同様に、親の体の一部分から子供の体を作って切り離し、自らの分身を増殖させていきます。しかし、水温が変化したり生息環境が悪くなると、無性生殖を止めて精子と卵子を作ります。そして、精子と卵子が受精してできた子供たちが、自分自身の遺伝子を後代に残していくのです。

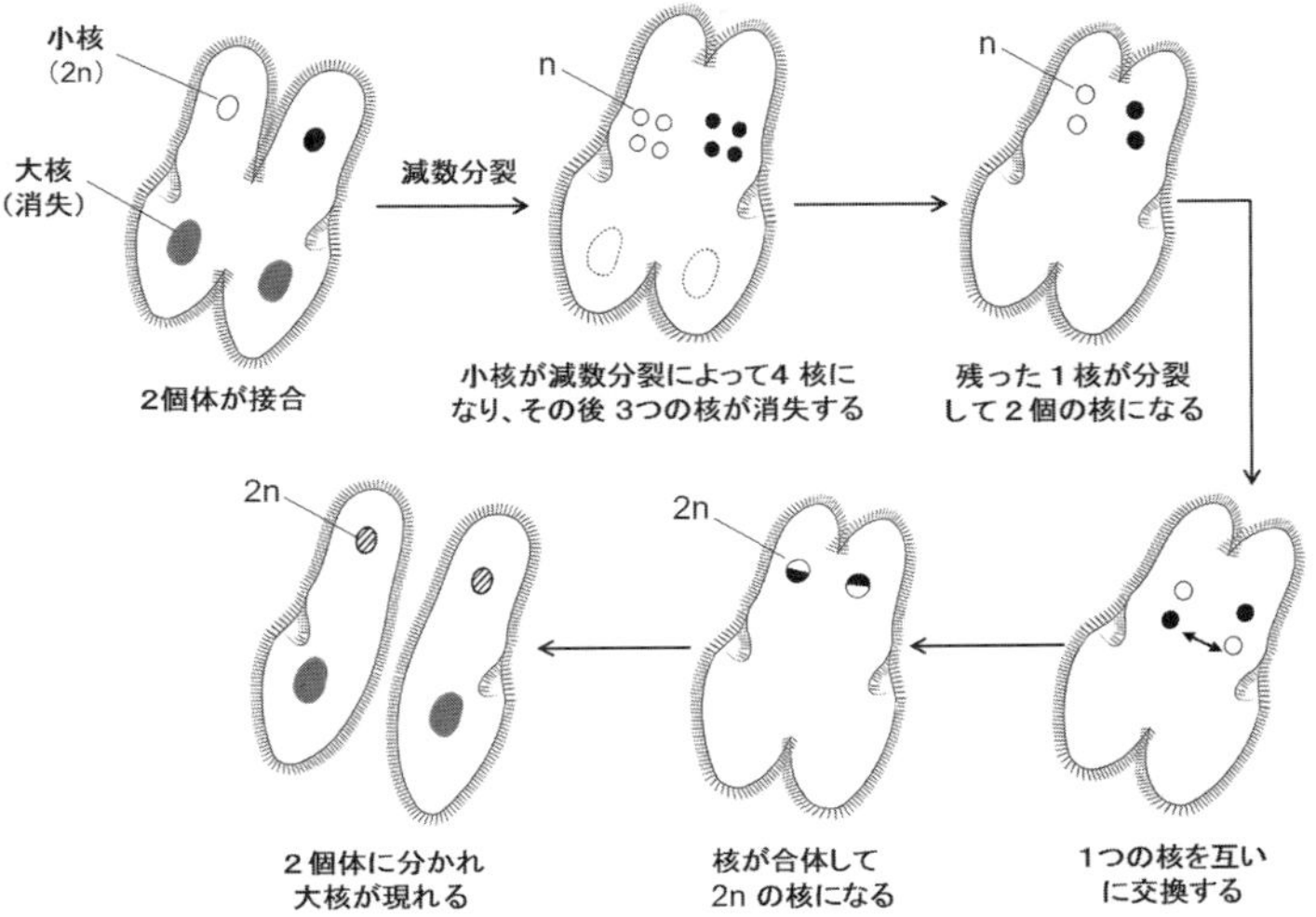

【図12】原生生物のゾウリムシは無性生殖することもあれば、他のゾウリムシとの接合によって核を交換することもできる。

どうやら有性生殖は、酵母やヒドラなどの下等な生物からヒトに至るまで、性を持つすべての生物において、自らの子孫を残していく上で、ひいては種を存続させる上でなくてはならない重要な手段のようです。

有性生殖をおこなう意義

それでは、真核生物が性を獲得し有性生殖をおこなう意義は何なのでしょうか？　その意義を見事に示してくれる例がゾウリムシ（【図12】）という原生生物です。ゾウリムシも通常は無性生殖によって増殖していますが、時々異なるゾウリムシ同士が接合し、そしてとても奇妙なことが起こります。

ゾウリムシは栄養核と呼ばれる大きな核（大核）と、生殖にかかわる小さな核

（小核）を持っています。接合すると大核が消失し、小核は減数分裂によって4個の核を作ります。そして、そのうちの3個は消滅して1個だけが残ります。この1個はもう1度分裂して2個になり、うち1個は、2匹のゾウリムシが接合して接触している面を通って相手の体内に入って相手のもう一つの核と合体します。

同様に、相手の核の一つも逆の方向に移動して、もう一方のゾウリムシの核と融合します。その後、消失した大核は小核をもとにして改めて形成されます。このようにしてゾウリムシは、二つの異なる個体が接合して核を交換し、互いの遺伝子を混ぜ合わせることによって、接合する前とは遺伝的に異なる新たな生物体に変身することができます。そして元気な個体として生き返ることができるのです。

無性生殖は、子孫を残すという意味ではとても簡単で効率の良い方法です。しかし、無性生殖は親の体の一部を受け継いでいくだけの繁殖方法であるため、無性的に増殖した集団は何世代を経てもすべての子孫の遺伝子構成が同じであり変化することはありません。そのため遺伝子のバリエーションを持たないので、環境条件が変化した場合、その変化に適応できずに全滅してしまう可能性があります。

このように、多様な環境条件の変動に耐え、そして種を維持していくには、子孫を増やすと同時に、多様な遺伝子の組み合わせを持った子孫をつくらなければなりません。ゾウリムシの場合、無性生殖は個体数を増やす目的にかない、接合による核の交換は遺伝的な多様性を獲得するという目的にかなっています。モーターとエンジンを組み合わせたハイブリッドカーみたいなもので、とても賢い戦略です。

遺伝物質を混ぜ合わせて遺伝子の組成を変える、そして多様な遺伝子の組み合わせを作りだす生物の出現によって、有性生殖という新たな生殖様式が始まったと考えられています。まさしく、これが「性の起源」といえます。有性生殖では、異なる性の個体の配偶子（精子と卵子）が受精することによって雄と雌の異なる遺伝子が混じり合い、多様な遺伝子構成を持つ個体を産み出すことができるわけです。

繰り返しになりますが、有性生殖の最大の意義は遺伝的多様性を産み出すことであり、これこそが進化の源となります。様々な遺伝子の組み合わせを持つ個体が生まれては消え、さらに、突然変異によって新たに生まれた遺伝子が精子と卵子を介して次世代に伝えられることによって、遺伝的な多様性が生みだされていったのです。

有性生殖は必ずしも有利であるとは限らない

生物を取り巻く環境は絶えず変化しています。気候などの物理的な環境だけでなく、食物連鎖、寄生と共生、病原体やウィルス、トランスポゾン(注1)（細胞内を移動するＤＮＡ）などとの相互関係によって形づくられる、様々な生物環境の中で生存していくには、絶えず（遺伝的に）変化し環境に適応していかなくてはなりません。

敵対的な関係にある生物間の競争と有性生殖の利点に関するこの考えは、ルイス・キャロルの児童小説『鏡の国のアリス』に登場する赤の女王にちなんで、「赤の女王仮説」と呼ばれています。『鏡の国のアリス』は後にディズニーのアニメ映画や実写版の映画が製作された童話の一つで、ご存じの読者もいると思います。その一場面で、絶えずせわしなく足を動かしている赤い服を着た太った女王様が登場します。一定の場所に留まっているためには、女王は常に走り続けなくてはならない運命にあるからです。

無性生殖の場合、既に述べたように増殖には非常に有利ですが、作られる子孫はすべて同じ遺伝的組成を持つクローンであるため、無性生殖の個体が遺伝的に変化するには、1遺伝子当たり10万分の1〜100万分の1くらいの頻度で起こるまれな突然変異に頼るしかありません。もし生存に有利な遺伝的変化が起こったとしても、無性生殖の場合、それらの有用な遺伝的変異は特定の個体で独立して起こるため、それらが異なる個体間や集団内で広まることはほとんどありません。そのため無性生殖は、既に述べたように遺伝的多様性を生みだすという点では不利益が大きく、周りの環境に大きな変化が生じた場合、適応できずに絶滅してしまう危険性を秘めています。

このように書くと、有性生殖は生物が種を存続させ、そして多様性を維持する上で好都合なことばかりのように思われがちですが、そうといい切ることもできません。もちろん、無性生殖にも有利な点があり、逆に有性生殖にも不利な点はあります。

有性生殖によって遺伝的な多様性を保つシステムは、生存に適した遺伝子や染色体の組み合わせを偶然に壊し消失させることもあります。有害な遺伝子を組換えによって除去することもできれば、逆に有用な遺伝子を失い、有害遺伝子をゲノムの中に集めてしまうことも起こりえるのです。一方、無性生殖は遺伝子の組み合わせを変えることなく、最適な遺伝子の構成を保存することを可能にするため、種の存続に有利に働くこともあるわけです。

生物の繁殖の理想形態は、同一個体の中で精子と卵子を産生できる雌雄同体であるとよくいわれます。まさしく第2章の冒頭で紹介した、ギリシャ神話をはじめとしたさまざまな神話に登場するヘルマフロダイト（両性具有）です。雌雄同体のカタツムリなどは、個体数が多い場合は、他の個体と交尾をして自分の配偶子（精子あるいは卵子）を他個体の配偶子（卵子あるいは精子）と受精させることによって遺伝的な多様性を維持し、個体数が少なくなった場合は、自分の精子と卵子で受精をおこなうことによって種を存続させる戦略を用いています。そして、個体数が回復すれば、また有性生殖を再開して遺伝的な多様性を維持すればよいのです。どちらの生殖様式も有性生殖ではありますが、種の保存と遺伝的多様性の獲得という点では非常に賢い方法です。

遺伝の法則の発見

1900年は、遺伝学という学問分野が誕生した重要な年となりました。カール・エーリヒ・コレンス（ドイツ）、エーリヒ・フォン・チェルマク（オーストリア）、ユーゴー・ド・フリース（オランダ）らによって「メンデルの法則」が再発見された年にあたります。「再発見」と書いたのは、実際にこの法則が発見されたのは、その35年前の1865年のことだったからです。

遺伝という現象の法則性を遺伝子という概念に基づいて明らかにし、旧来の生物学に遺伝学という新たな研究の息吹を吹き込んだのは、オーストリアの修道僧グレゴール・メンデルでした。

メンデルは、ブリュン（現チェコのブルノ）の修道院において、エンドウマメを用いた交配実験をおこない、遺伝の基本原理である「メンデルの法則」を発見しました。

当時の生物学者たちは、遺伝という現象を、連続的な変異がカフェオレのように混じりあって融合したもの（融合説）と考えていました。進化論で有名なチャールズ・ダーウィンさえもそのように考えていたようです。

しかしメンデルは、エンドウの花の色が紫色か白色か、子葉の色が黄色か緑色か、豆の表面にシワがあるかないかなど、はっきりと区別できる7種類の不連続な変異に着目し交配実験を行いました。そして、それまでの生物学にはなかった統計学の手法を用いて得られたデータの処理をおこない、当時の常識を覆す大発見、いわゆる「ぶっとんだ発見」をしたのです。

メンデルは、研究対象とした七つの遺伝形質が、細胞内の1対の因子（すなわち遺伝子）によって決まり（粒子説）、それらは配偶子（おしべの花粉とめしべの中の卵細胞）が形成されるときに独立して別々に分離し、対になっているうちの一方の遺伝子だけが配偶子によって次の世代に伝えられることを明らかにしました。つまり、異なる性質を持つAとaという遺伝子のペアのうち、ある花粉ではAという遺伝子が、ある花粉ではaという遺伝子がめしべに受粉して次の世代に伝えられることを発見したのです。そして、Aの遺伝子とaの遺伝子のどちらが伝えられるかは偶然に任されるとしました。

メンデルが交配実験によって得た研究成果は、三つの法則（優性の法則・分離の法則・独立の法則）からなる遺伝の法則[注2]としてまとめられ、その発見の翌年の1866年に研究論文として「ブリュン自然科学会誌」という、あまり有名ではない学術雑誌に掲載されました。

メンデルによるこの遺伝の法則の発見は、明確な研究目的と綿密な実験計画、目的に適した材料の選定、統計学という新たな方法論の導入、膨大なデータに基づく仮説の検証と結果の論理的な考察という、まさしく科学研究のお手本となるようなアイデアと実験のプランニングによって得られた画期的な成果でした。しかし、反響はまったくありませんでした。その研究成果は、これまでの概念を覆すようなあまりにも斬新なものであったため、残念ながら誰からも理解されなかったのです。あまりにも時代を先取りした理論であったため、それについていける研究者がいなかったというのが正しいかもしれません。

そのため、1900年に3人の研究者によって独立に再発見がなされるまでの35年もの間、メンデルの法則というこの世紀の大発見は暗い図書館の書庫の片隅に眠ったまま、光が当たることはありませんでした。結局、メンデルが生存中に正当な評価を受けることはなかったのです。

もしダーウィンが遺伝の法則を知っていたら

「メンデルの法則」の発表から遡ること6年、1859年にダーウィンは、進化生物学の金字塔ともいうべき歴史的な大著『種の起源』を出版しています。「世界で最も有名だが最も読まれていない本」ともいわれている名著です。ダーウィンがその生涯を閉じたのは1882年ですから、16年もの間、ダーウィンはメンデルの法則を知る機会があったにもかかわらず、研究論文が掲載された雑誌が無名に近いものであったため、残念ながら目にすることはありませんでした。

ダーウィンは、それぞれの種が持つ様々な特徴が、環境などの外的要因の影響を受けて変化することを知っていましたが、その変化の原因となるもの（つまり、遺伝子と遺伝子の突然変異）、そしてその変化がどのように次世代に伝達されていくかについては、最後まで説明することができませんでした。

歴史には、「もし」はないと言われます。しかし、もし彼がメンデルの研究論文に巡り合ってその研究成果を知り、遺伝子という概念を自らの頭の中に描くことができていたとしたら、どうだったでしょうか。

表現形質が遺伝子の突然変異によって変化し、自然淘汰によって環境に適応した形質を支配する遺伝子が次世代に伝えられ、そして集団中に固定されていくことが「進化の原動力」となることを、天才科学者であるダーウィンは瞬時に理解できたに違いありません。遺伝学に基づいた、そしてさらに発展した進化理論を展開することもできていたかもしれないのです。そして、メンデル自身も栄光と大きな名誉を手にして生涯を閉じることができたはずです。

この法則の発見の後、つまり１８６５年以降、メンデルは一切の研究をしなかったといいます。残りの生涯を聖職者として過ごしました。そんな彼の人生の選択をみると、メンデルという人物は、感傷に拘泥しない、わたしたち凡人とはかけ離れた人生観の持ち主であったような気がしてなりません。しかしこの空白の35年間は、当時の生命科学の発展を大きく遅らせてしまったことは間違いありません。

遺伝子説と染色体説

メンデルの法則は、その発見から35年という長い年月こそかかりましたが、遺伝現象の基本原理として広く世界に認められるものになりました。そして、この法則の再発見から2年後の1902年、アメリカの生物学者ウォルター・サットンが、減数分裂における染色体の挙動の観察結果から遺伝の「染色体説」を提唱し、遺伝において染色体が中心的な役割を果たしている可能性を示しました。これは黎明期にあった「遺伝学」と、それよりも先行していた「細胞学」が見事に融合した結果といえます。

サットンは昆虫を用いて、配偶子形成時の細胞分裂において、相同な染色体同士が対を作り、これらが配偶子に一つずつ分配されて、染色体数が半減することを見つけました。この減数分裂における染色体の挙動とメンデルの法則にもとづく遺伝子の挙動が一致することから、染色体が遺伝の物理的基礎、つまり「遺伝子の運び屋」である可能性を示したのです。しかし残念なことに、当時はまだこの仮説を証明できる証拠はありませんでした。

染色体が「遺伝子の運び屋」であることを実証したのは、アメリカの遺伝学者トーマス・ハント・モーガンとその一派でした。彼らは飼育が簡単で世代交代が速いショウジョウバエを用いて、突然変異体を用いた交配実験から、遺伝の染色体説を実証することに成功しました。ショウジョウバエは、発酵しかけた果物やワイン、ビールなどが好きで、台所のゴミやくだもの屋などに集まる、双翅目《そうしもく》という昆虫の仲間に属する小型のハエです。

ショウジョウバエのもともとの眼の色は赤色（これを野生型といいます）で、中国に伝わる架空

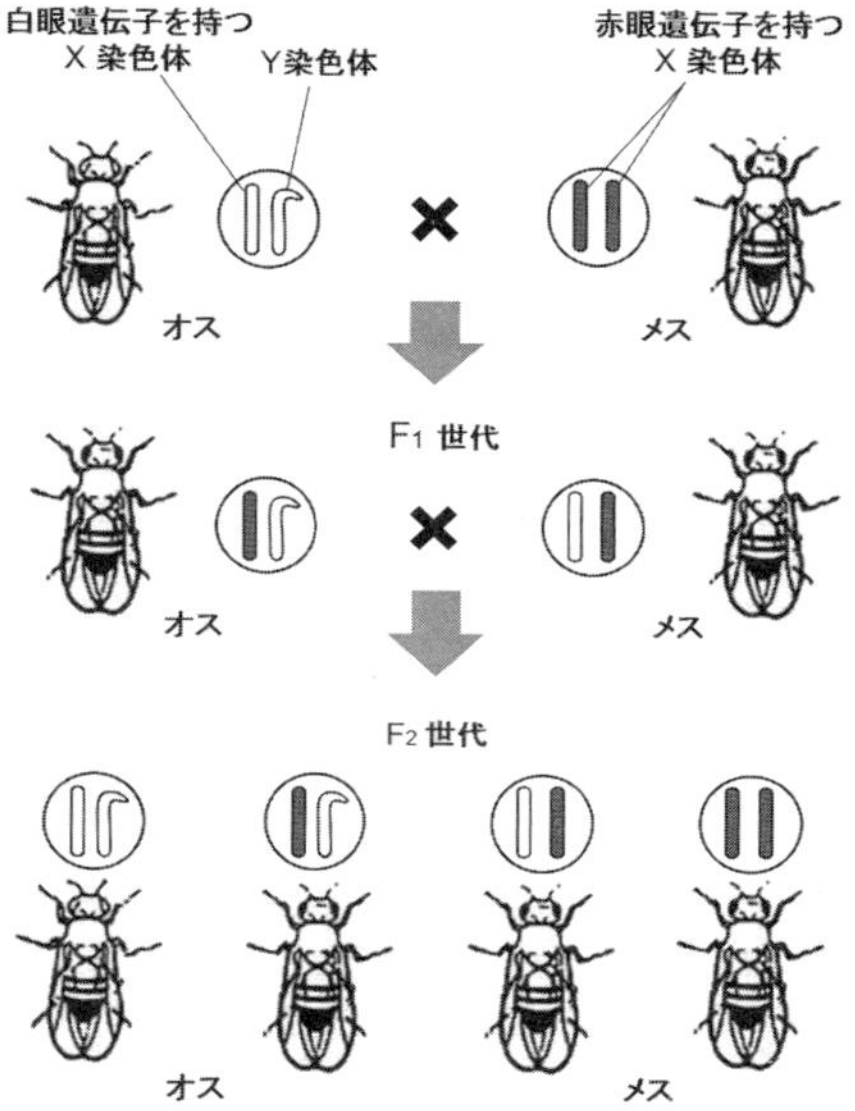

【図13】ショウジョウバエの白眼突然変異の伴性遺伝様式。『レーヴン／ジョンソン　生物学（第７版）』（培風館）2006年より図を改変（p266, 図13. 29）。

の動物の猩々《しょうじょう》（お酒が大好きでいつも酔っぱらって赤い顔をしている猿のような動物。それを題材にした能楽の演目もあります）にちなんで名づけられたといわれています。摂氏25度で飼育すれば10日間で世代交代ができ、放射線を照射することによって数多くの突然変異体が得られることから、昔から遺伝学研究によく用いられてきました。

１９１０年に、このハエを用いて研究をおこなっていたモーガンは、白眼の突然変異体を発見しました。白眼の個体は、眼の色を決める遺伝子の劣性の突然変異体です。この白眼の雄を赤眼の雌と交配して次世代を取ったところ、すべての個体が赤眼でした（【図13】）。この結果は、赤眼が白眼に対して優性であることを示しています。

次に一代目の雑種（図のF_1世代：異なる性質を持つ親個体を交配して得た子供）の赤眼個体同士を交配して、雑種の第二代（F_2世代）を得たところ、雌はすべて赤眼でしたが、雄では赤眼と白眼が一対一の割合で出現しました。

　ショウジョウバエは4対の染色体を持ち、そのうちの1対が性染色体です。ヒトと同じように雄はXY型、雌はXX型の性染色体を持っています。この研究結果は、白眼の変異遺伝子がY染色体にはなくX染色体上にあって、母親からのみ赤眼のX染色体と白眼のX染色体が次の世代に伝えられたことを示しています。つまり、赤眼のX染色体を持つXY個体が赤眼、白眼のX染色体を持つXY個体が白眼の雄となるわけです。

　メンデルがエンドウで観察した7種類の異なる遺伝形質の分離も、この結果と同様、まさしく減数分裂における染色体の分離の結果を観察していたことになります。

ヒトゲノム配列の解読

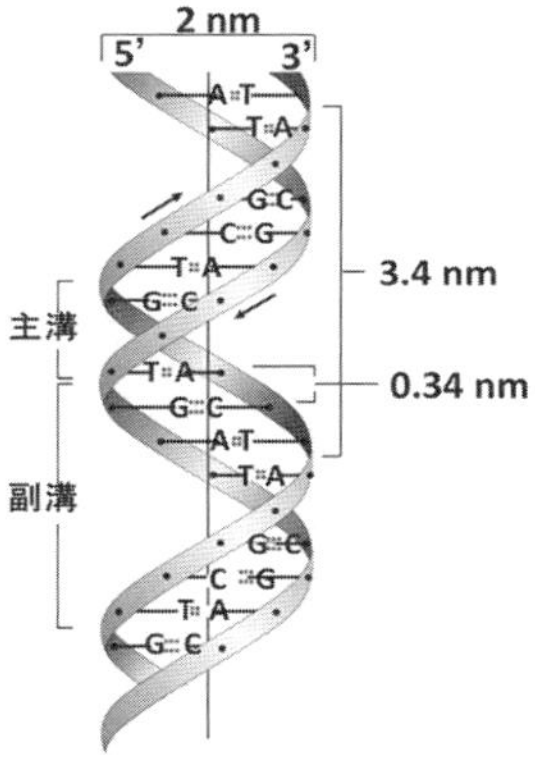

【図14】ワトソンとクリックが発見したDNAの二重らせん構造の模式図。『レーヴン／ジョンソン生物学（第7版）』（培風館）2006年より図を改変（P286, 図14.9）

　ヒトの生命の設計図であるゲノムの全配列が解読されたのは2003年4月でした。この年は、1953年にワトソンとクリックがDNAの二重らせん構造（注3）（【図14】）を発見してからちょうど50年という節目にあたり、生命科学における記念すべき年となりました。

20世紀最大の発見といわれた二重らせん構造の発見からたった半世紀の時間で、生命の設計図であるヒトゲノムDNAの解読という偉業が成し遂げられたわけです。ダーウィンの『種の起源』の出版が1859年、メンデルの遺伝の法則の再発見が1900年の出来事ですから、生命科学はおよそ50年きざみで大きな発展期を迎えてきたことになります。

2000年6月にヒトゲノムの95%をカバーする配列が読まれた時は、当時のクリントン米大統領が、ゲノム解析の中心的役割を担ったフランシス・コリンズ、クレイグ・ベンター両博士とともに、ヒトのゲノム解読がほぼ終了したことを宣言しました。そして、「すべての人々がより健康でいられる未来に向けて重要な第一歩を踏み出した」と共同声明を発表し、その偉業を讃えたのです。この映像は全世界に配信され、わたしも研究室のテレビの前で大きな感銘を受けたことをよく覚えています。

ヒトの遺伝子のすべてを解明しようというヒトゲノムプロジェクトは、1990年に米国のエネルギー省と厚生省によって発足しました。当初30億ドル（約3311億円）の予算が組まれ、15年間で解読を完了するという計画のもとにこの大プロジェクトが開始されました。ちなみにゲノムは30億の塩基対（DNAは二重らせん構造を持つので必ず塩基は対になっている）の文字で構成されますから、1文字あたり1ドルかかったことになります。

ゲノムの配列の解読は、シーケンサーと呼ばれる機械やスーパーコンピューターを使って行われます。ゲノムを構成するDNAを小さな断片に切断し、大量の何百塩基対という小さなDNA断片の塩基配列を読んで、その両端の配列同士をつなぎ合わせていくというやり方で進められていきます。その長さが30億の塩基対ですから、気の遠くなるような作業であることをおわかりいただけると思います。

ヒトゲノム研究が開始されたころは、100年かかっても無理な夢物語などと揶揄されました。が、このプロジェクトが始まって13年後に約30億塩基対からなるヒトの全ゲノム配列が解読されることになるとは、誰にも想像できなかったでしょう。科学の進歩の速さとその規模には本当に驚かされます。

余談になりますが、1961年、かつて冷戦下にあった米国と旧ソ連の宇宙開発競争のさなか、当時の米国大統領ジョン・F・ケネディはアポロ計画を立ち上げ、1960年代に人類を月面に到着させると宣言しました。当時は、月にヒトを送り込むなんて夢物語と思われていましたが、8年後の1969年7月にはアポロ11号の乗組員が月面着陸に成功したのです。ヒトゲノムの解読は、人類初の月面着陸に匹敵するほどの人類史に残る大偉業といっても過言ではないと思います。

ところで、このゲノム解読という世紀の大プロジェクトは、米国を中心に先進国が手分けをして担当しました。さて、このプロジェクトの成功に日本はどれくらい貢献できたと思いますか？米国の59%、英国の31%に次いで、日本は3番目に多い、全配列の6%の解読を担当しました。残りの4%はフランス、ドイツ、中国を含めた6カ国によるものです。

遺伝的な多様性を生みだす減数分裂

わたしたちはホモ・サピエンスという種に分類され、現在、地球上に約73億人が暮らしています。しかし、これだけ多くの人がいてもまったく同じ人がいないのはどうしてでしょうか？　遺伝的な多様性は進化の源《みなもと》であり、その結果であることはすでにお話ししました。そして、その多様性を産み出す源が、有性生殖する生物にみられる「減数分裂」という現象なのです。精子や卵子ができる過程で起こる減数分裂によって、父親と母親由来の遺伝子が混じり合い、その組み合わせは無限大となります。つまり、同じ遺伝子組成を持つ精子や卵子は一つとしてあり得ないのです。だから、まったく同じヒトも存在しないのです。その謎解きをしてみましょう。

わたしたちの体は、大きく分けて2種類の細胞で構成されています。一つは体のほとんどの部分を形づくる「体細胞《たいさいぼう》」です。この細胞は「体細胞分裂」（別名、有糸分裂）によって単純に同じ細胞を複製し、その数を増やして体を大きくしたり、あるいは老化や怪我、病気などによって壊れた細胞を補ったりしている細胞です。擦り傷が時間が経つと治るのはこの「体細胞分裂」のおかげです。もう一つは精巣と卵巣の中にあり、精子と卵子をつくる「生殖細胞」です。減数分裂はこの生殖細胞で起こります。

まず、体細胞分裂と減数分裂の違いについて眺めてみましょう。体細胞分裂では、複製して倍加した染色体が細胞の赤道面に並び、それが半分に割れて二つの「娘細胞」に等しく分配されます（【図15左】）。したがって、一つの親細胞からまったく同じ染色体、すなわち同じ遺伝子の組成を持つ二つの細胞が作られることになります（息子細胞ではなく娘細胞と呼ばれる理由は、生物学の

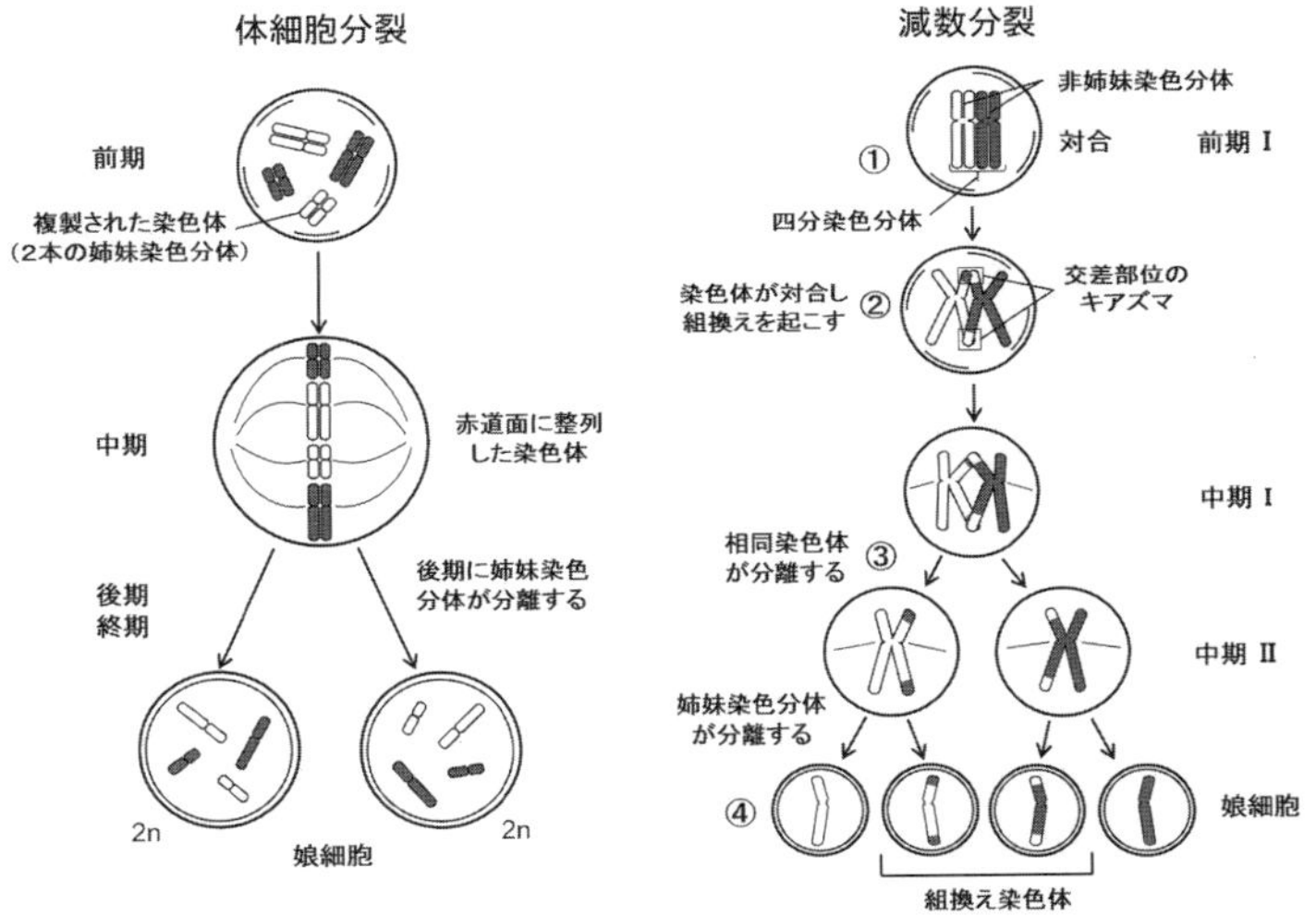

【図15】体細胞分裂と減数分裂。『キャンベル　生物学（7版）』（丸善出版）2007年より図を改変（p278, 図13.9; p280, 図13.11）。

分野では女性に形容した用語を使う慣習があるからです）。

一方、精巣と卵巣では、「減数分裂」と呼ばれる、他の組織とは大きく様式が異なる細胞分裂が起こります（【図15右】）。第一減数分裂では、体細胞分裂のようにそれぞれの染色体が個々に一列に並ぶことはなく、父方と母方から由来する相同な染色体同士（相同染色体。例えば一番染色体であれば、父親由来と母親由来の一番染色体同士）が互いに接し合って並びます（【図15①】）。この現象を「対合《ついごう》」といいます。この時、父方の染色体と母方の染色体に切れ目が生じ、その部分で父方の染色体と母方の染色体がつなぎ換わり（②：染色体の「組換え」）、その結果、両親からもらった染色体とは異なる新しい構成を持つ染色体（組換え染色体）が作られます。つまり、染色体のある部分は母親由来の染色体、残りの部分は父親の染色体によって構成される染色体が生みだされることになるのです。

この時、染色体は中央で二分されることなく、父親の染色体と母親の染色体が別々に両極に分かれますので（③）、この時点で染色体の数は46本ではなく23本に半減してしまいます。

その後、引き続いてもう1回分裂が起こります（第二減数分裂）。このときは、体細胞分裂と同じように染色体の中央で染色体が分断され、二つの細胞に分配されます（④）。その結果、ゲノム1セット分を持つ一倍体の精子や卵子ができることになるわけです。そして、これらの一倍体の配偶子が受精してわたしたちの二倍体の体が作りだされることになります。このように実に巧妙な仕組みで、親の遺伝子が子供に受け継がれていきます。

では、減数分裂によってどうして遺伝的な多様性が生みだされるのでしょうか。減数分裂では2回の分裂を経て父方と母方の染色体のどちらか一方が配偶子（精子と卵子）に分配されるため、父方あるいは母方の染色体が分裂した細胞に分配される確率はそれぞれ1／2となります。

ヒトの場合、染色体は一対の性染色体を含めて23種類あるため、それらが配偶子に分配される23対の父方と母方の染色体の組み合わせは2^{23}通りとなります。さらに、すべての染色体で必ず最低1回は組み換えが起こるため、各染色体の種類はさらに2倍ずつ増え、計4種類の異なる染色体が生まれることになります。したがって、配偶子に分配されるすべての染色体の組み合わせは、2^{23}通りから4^{23}通りに増えることになります。

これだけでも膨大な組み合わせの数ですが、さらに注目していただきたいのは、組換えが起こる位置に規則性はなく、その位置は染色体ごとに、そして細胞ごとにランダムであるという点です。したがって、二つの異なる細胞において染色体の同じ場所で組換えが起こる確率はほぼゼロに等しいことになります。組換えが起こる位置は、染色体によって、そして細胞によって様々ですから、結果的に無限大の染色体の組み合わせが生まれることになるわけです。そのため、有性生殖で作られる精子と卵子が持つ染色体と遺伝子の構成に同じものは一つとしてあり得ないことになるのです。

このように無限大の染色体の組み合わせを持つ配偶子が受精し、そして誕生したわたしたち一人一人は、この世で、そして未来永劫、唯一無二の存在であるといえます。この世界に誕生してきたこと自体が奇跡的な出来事であることがおわかりいただけると思います。

日本では小学校から高等学校にいたるまで、いじめの問題が深刻化しています。これは相手を尊重できないという人間のエゴイズムに起因しています。この世に生を受けた一人一人の人間が、遺伝の仕組みから見て唯一無二の存在であることを理解できれば、おのずと相手を尊重できる気持ちを持てるのではないでしょうか。まさしくわたしたちは、かつてのＳＭＡＰが唄った「世界に一つだけの花」だからです。

受精で何が起こるのか

ところで「受精」とは、どの段階で起こるのか正確に知っていますか。受精とは、「精子と卵子が合体して、父親と母親の遺伝子・染色体が混じり合うこと」なのです。それでは一体、いつ

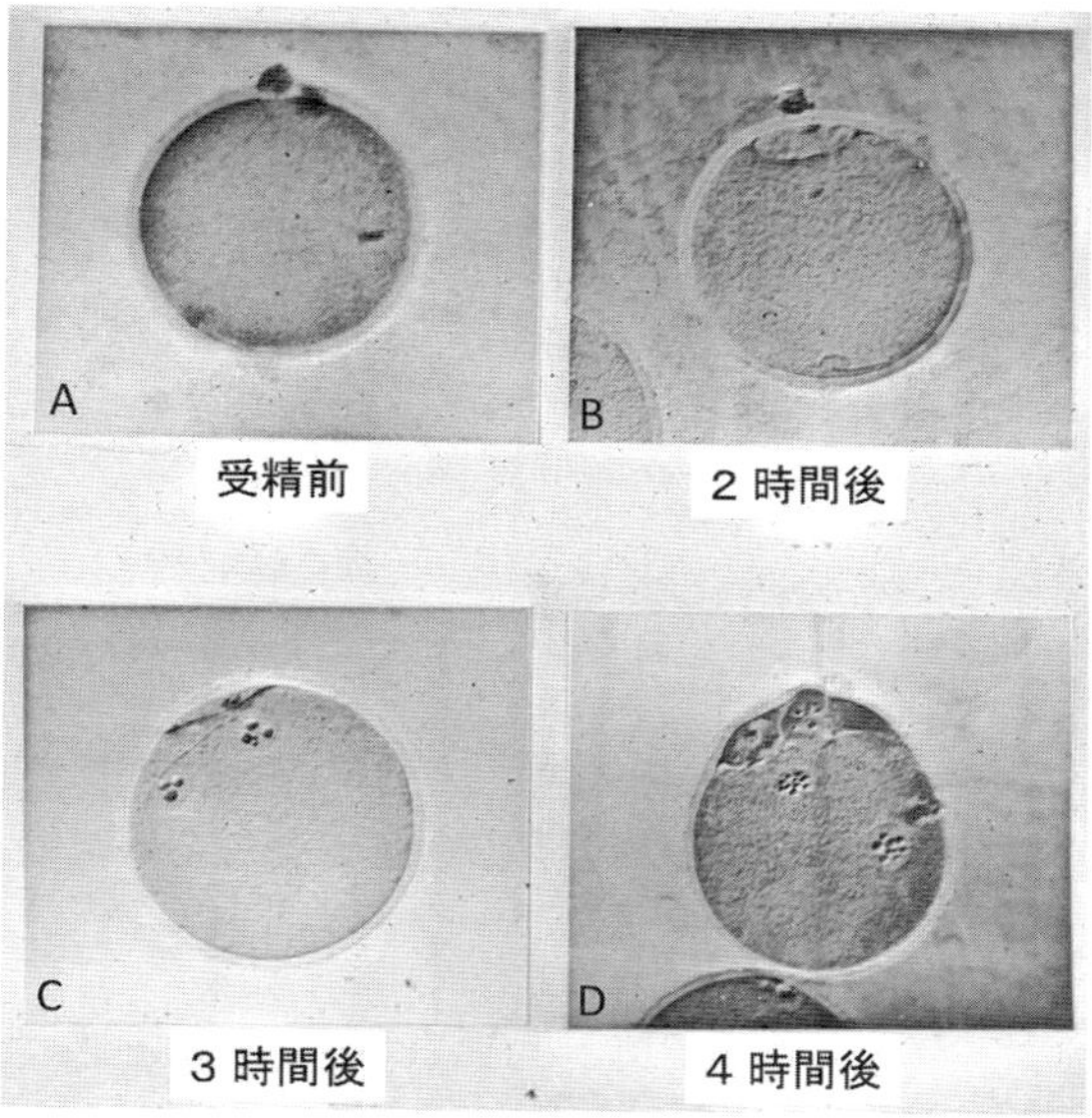

【図16】受精直後のマウス受精卵の経時的変化。

どのようにして精子と卵子の遺伝子・染色体が混じり合うのでしょうか。

わたしたちの体は、精子と卵子の受精によって、父親のゲノムと母親のゲノムをそれぞれ1セットずつ受け取った二倍体の細胞、いわゆる受精卵が起源となっていることはすでに述べました。したがって、それぞれ23本の染色体に収納された精子由来の父親ゲノムと卵子由来の母親のゲノムのセットが一つの核の中で一緒になった時が、本当の意味での受精ということになります。しかし、実際に雌雄のゲノムが一つの核の中で混ざりあうのは、受精卵が初めて分裂し2個の細胞になる直前であることは意外に知られていません。

【図16】はマウスで体外受精をおこなった時に見られる受精卵の変化を、時間を追って調べたものです（0時間～4時間経過）。排卵された直後の卵子を見てみると、減数分裂はまだ終了してお

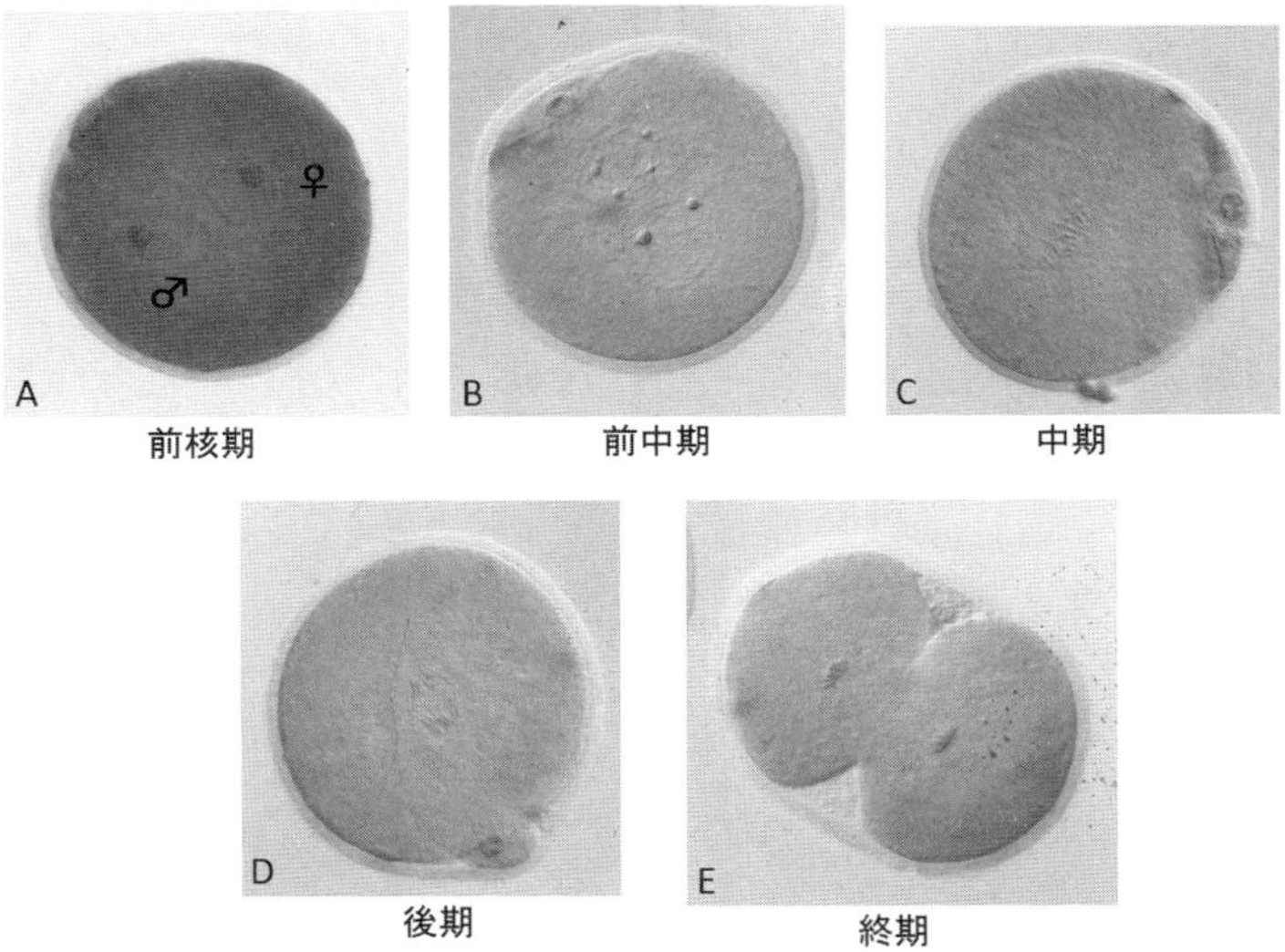

【図17】マウスの一細胞期胚の細胞分裂過程。

らず、第二減数分裂中期で停止している染色体が卵子の片隅に見られます（0時間）。受精によって精子が卵子に侵入すると、休止していた第二減数分裂が再開され、二つに分かれた染色体のセットの一方は卵子の外に放出され極体（細胞が分裂する際に卵細胞からはじき出される細胞質をほとんど持たない細胞）となります（2時間）。そして、受精3時間後には、卵子内に残ったもう一方の染色体セットと、卵子に侵入して膨潤した精子の頭部は、それぞれ雌性前核と雄性前核と呼ばれる別々の核を形成します（3時間〜4時間＝【図17】A）。

その後、それぞれの核で独自に染色体の複製が起こり、染色体が形成されます（【図17】B）。そして雌雄の染色体のセットが受精卵の中央部で混じり合い（C）、そこではじめて卵子ゲノムと精子ゲノムを持つ二倍体の細胞ができあがります。雌の子宮に侵入した後、卵管のなかを泳ぎ切り卵子に巡り合えた精子が運んだ雄のゲノムが、ようやく雌のゲノムと巡り合う瞬間です。したがって、この時が本当の意味での「受精」といえます。その後、複製された染色体は両極に分かれて（D）、細胞が二つに分裂し（E）、卵子と精子のゲノムを1セットずつ持った二倍性の体細胞が形成されていくことになるのです。

（注1）トランスポゾン
易動性遺伝因子や転移因子と呼ばれ、染色体のある部分から他の異なる部分に移動できる可動性の遺伝因子。原核生物、真核生物の両方から多岐にわたる数多くのトランスポゾンが発見され、そのDNA配列の構造が明らかにされている。これらの可動性の遺伝因子の中には、転移因子であるDNA断片自身が転移する場合（DNAタイプ）と、逆転写を介してRNAからDNAに読み取られて転移する場合（RNAタイプ）の二つに大きく分けられ、後者はレトロトランスポゾンと呼ばれる。トランスポゾンの転移によって、染色体の欠失、逆位、重複といったDNAの変化が起こるため、遺伝的な変異や多様性を生みだす主な要因となっている。転移の頻度が高いと高頻度に変異が引き起こされることになるため、生物にとっては有害となる場合が多い。そのため、生物は、トランスポゾンがゲノムDNAの中をあまり動き回らないように転移を抑制する様々な機構を持っている。

（注2）遺伝の法則
異なる形質を持つ個体を交配して得られた雑種第一代の形質と、雑種第一代同士の交配から得られた雑種

第二代における形質の分離を観察することによって、遺伝の法則性を明らかにしたものであり、以下の三つの法則からなる。1、優性の法則：雑種第一代のヘテロ接合体で、両親の一方の形質（優性形質）だけが表れる。2、分離の法則：雑種第一代のヘテロ接合体は、配偶子を形成する際に対立遺伝子を分離し、それによって雑種第二代で遺伝子型が分離し、優性と劣性の両方の形質が3対1の割合で表れる。3、独立の法則：2種類の異なる形質を支配する異なる2対の対立遺伝子のヘテロ接合体では、各対の遺伝子は無関係に独立して配偶子に分配される。

（注3）二重らせん構造

DNA構造の基本は、リン酸・糖・塩基が一つずつ結合したヌクレオチドが直線状につながったポリヌクレオチド鎖2本で二重らせん構造が形成される。2本のDNA鎖は逆向きに並び、糖とリン酸基からなる骨格が、右らせんを形成している。らせんの直径は2㎚で、一回転の長さは3・4㎚である。塩基は、らせんの内側に向かっていて、Aに対してT、Gに対してCが水素結合を介して特異的に結合している。そのため、2本のポリヌクレオチド鎖の塩基配列は相補的になる。これらの塩基対が0・34㎚の間隔で並び、らせんの内部でらせん軸に対してほぼ垂直に積み重なっている。

第3章　性決定と性染色体

性染色体は、いつ、どのようにして見つけられ、そしてその働きが明らかにされてきたのでしょうか？　この章では、動物の性染色体の発見とヒトの染色体研究の歴史について眺めてみます。いかに多くの研究者が長い年月をかけ、努力を積み重ねながら染色体研究を推し進めてきたかがわかります。そして、ヒトの先天異常の医学研究に染色体解析が大きく貢献したことについても詳しくお話ししましょう。

なぜX、Y染色体と呼ぶのか

すでに述べたように、性染色体は、1891年にドイツの生物学者ヘルマン・ヘンキングによってはじめて発見され、「X染色体」と名づけられました。ヘンキングは、ホシカメムシという昆虫の精巣を用いて染色体を観察しているときに、他の染色体とは異なる奇妙な行動をする染色体を見つけました。細胞が分裂するときには、すべての染色体は細胞の中央に並び、二つの細胞

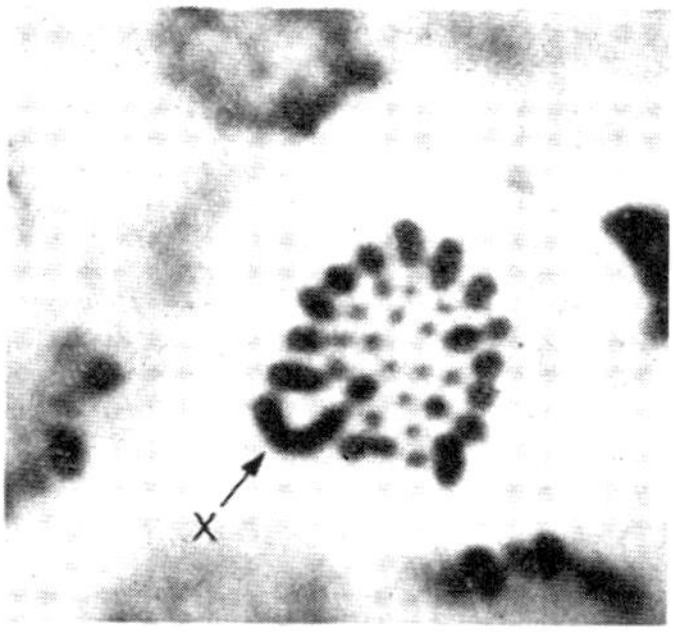

キリギリス雄の体細胞分裂中期像

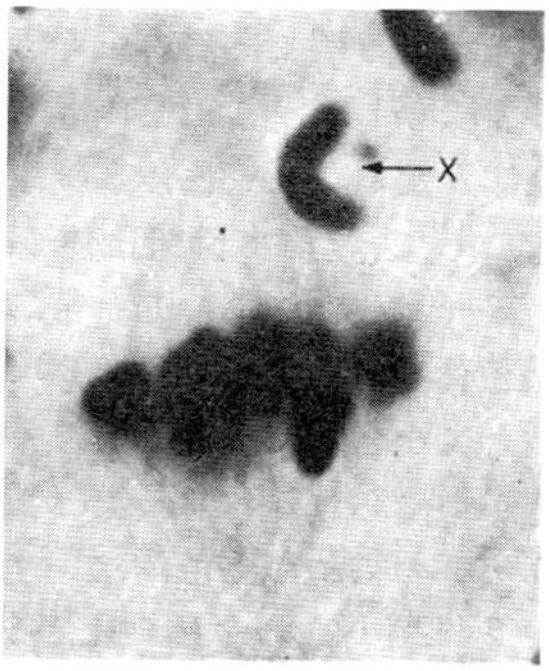

ウマオイムシの精巣における
第一減数分裂の中期像
（染色体が赤道面に並んだ像）

【図18】キリギリスとウマオイムシの細胞分裂で見られるX染色体の特異な行動。

に分配されていきますが、この時、これらの染色体には加わらず少し離れて存在する染色体があり、この染色体は、減数分裂によって新たに形成された二つの娘細胞の一方にしか含まれませんでした。

その後、米国の細胞遺伝学者であるクラレンス・マクランが１９０２年に、バッタでも同じような染色体を観察し、この染色体は雄で１本しか存在しないことからアクセサリー染色体と名づけました。【図18】に、キリギリスとウマオイムシの精巣で観察される染色体像を示します。他の染色体とは大きさや行動が異なる1本の変な染色体、すなわちX染色体が含まれていることがおわかりいただけると思います。キリギリスのX染色体は他の染色体よりも大きく、ウマオイムシのX染色体は、他の染色体のように細胞の中央部に集まらず、はぐれたところにあることがわかります。

マクランは精巣細胞の第一減数分裂において、X染色体がどちらか一方の細胞に分配されることによって、結果としてX染色体を持つ精子と持たない精子ができることを観察しました。そして、X染色体を持つ精子が受精した卵はX染色体を2本持つ雌となり、X染色体を持たない精子と受精した卵はXを1本しか持たない雄となることから、この不思議な染色体が性の決定にかかわる染色体であることを明らかにしました。つまり、精子側が性を決定する役目を担っていることを示したことになります。

したがって、バッタの遺伝的な性決定様式は、雌はX染色体を2本持つXX型、雄はX染色体を1本しか持たないXO型ということになります。O（オー）とは存在しないことを示しており、0（ゼロ）と書くこともあります。

つまり、バッタやカメムシは、2本のX染色体と常染色体（A：autosome の略）1対（2本）の比率、すなわちXX：AA＝1：1で雌となり、一方、X染色体1本の場合はXO：AA＝1：2で雄になります。このようにバッタの仲間では、X染色体自身に性を決める機能はなく、X染色体の数、すなわちX染色体と常染色体の比率によって雄と雌が決まります。

それではY染色体はどのようにして発見されたのでしょうか？　Y染色体と性をはじめて関連づけたのは、ペンシルベニア州ブリンマー大学のネッティ・スティーブンスでした。彼女は1905年に、コメノゴミムシダマシという虫の染色体の観察から、雌の細胞にはなく雄だけが持つ小さな染色体を見つけました。そして精子の細胞には、この小さな染色体を持つものと持たないものがあり、この染色体を持つ精子と受精した卵は雄になることを発見しました。この小さな染色体は、X染色体とは異なり雄特有に見られる性染色体として、「Y染色体」と名づけられました。

X染色体の命名は、「不思議な染色体」あるいは「余分な染色体」という意味に由来することは既に37ページで述べましたが、Y染色体の名は、X染色体の場合と違ってとても単純な理由からつけられました。X染色体の次に見つかった性染色体ということで、アルファベット順でXの次であるYとなっただけのことです（サイエンスの世界ではよくあることです）。

その後、雄が異型接合型（ヘテロ型）であるXY型、雌が同型接合型（ホモ型）であるXX型の性染色体構成とは逆に、雄がホモ型、雌がヘテロ型の性染色体構成を持つ生物が見つかりました（二倍体の生物が持つある遺伝子がAA、aaのように同じ遺伝子の対になることをホモ型、Aaのように異なる遺伝子が対になることをヘテロ型といいます）。そこで、雌ヘテロ型の性染色体を持つ生物において、雌雄が共通して持つ性染色体が、Yの次に見つかった性染色体ということで「Z染色体」と名づけられました。しかし、この段階でアルファベットが終わってしまうため、もう一方の雌特異的な性染色体は、Xの前にさかのぼってW染色体と名づけられました。このような雄ZZ型、雌ZW型の性染色体構成を持つ代表的な生物として、脊椎動物では鳥やヘビ、アフリカツメガエル、無脊椎動物ではカイコなどがあげられます。

このようにY染色体とZ、W染色体の命名には、X染色体の場合のような特別な意味は何もありません。科学の世界では、一連の発見や発明に対して名前がつけられる場合、最初の命名には意味があっても、それ以降の関連したものには単なる語呂合わせで意味のないものが数多くあります。

余談になりますが、例えば、電気泳動したDNAをフィルターに写し取って解析する方法は、発明者のエドウィン・サザンの名前にちなんで「サザンハイブリダイゼーション」と命名されました。そして、その後開発されたRNA(注4)の検出法には、単なる語呂合わせで、南のサザンに対して北を意味するノーザンハイブリダイゼーション、タンパク質の検出には西を意味するウエスタンハイブリダイゼーションという名前がつけられています（今のところイースタンはありません）。

また、遺伝子DNAが持つアミノ酸の暗号の解読の過程で最初に発見された読み取り終了の暗号は、発見者の名前にちなんでアンバー（琥珀）と名づけられました。そして、その後に発見された二つの読み取り終了の暗号は、アンバーにちなんでそれぞれオパール、オーカー（黄土という意味）という鉱物の名前がつけられています。欧米の研究者は、熾烈な競争を極める科学の世界に身を置きながらも、科学を楽しむ余裕とウィットを持ち合せていますね。

ヒト染色体研究の歴史

「ヒトの常染色体数が44本で、その他、男性がXY型、女性がXX型の性染色体を持つ」ことは、高校のどの教科書にも記載されています。しかし、ヒトが持つ染色体の数と性染色体構成が決められるのに、どれだけ多くの研究者の多大な時間と労力が費やされてきたかについては意外に知られていません。

ヒトの染色体に関する最初の報告は1912年にさかのぼります。オーストリア人のハンス・フォン・ヴィニウォーター（【図19】）は、外科手術によって摘出されたヒトの精巣を用いて染色

【図19】ハンス・フォン・ヴィニウォーター博士（右）と小熊捍博士（左）。

体を観察し、男性の染色体数が47本でXO型、女性は48本でXX型であると報告しました。しかしこの報告は間違いでした。皆さんには信じられないことかもしれませんが、正確なヒトの染色体数が決められたのは、1953年のワトソンとクリックによるDNAの二重らせん構造の発見に遅れること3年、1956年のことでした。今からわずか半世紀ちょっと前のことなのです。

読者の皆さんは、DNAの分子構造の解明に比べれば、染色体なんて簡単に観察出来るだろうと思われるかもしれませんが、当時はそうではなかったのです。

科学における新たな発見や発明には、先人たちの知識の積み重ねと、それらの上に培われる斬新なアイデアが基本要素なのですが、それ以外にも、技術の進歩が科学の躍進をうながし、そしてブレイクスルーとなることがよくあります。その典型的な例がヒトゲノムの解読でしょう。DNAの解析技術（スーパーコンピューターやDNAシーケンサーなどの機器の進化）が猛烈なスピードで進んだ結果、ヒトゲノムプロジェクトが始まって、たった13年間で30億塩基対にも及ぶゲノムＤＮＡ配列が解読されました。その加速度たるや驚嘆に値するものがあります。それに対し、当時の染色体解析は遅々として進みませんでした。染色体を詳しく観察するための技術の開発がともなっていなかったからです。

ヒトの染色体研究がスタートした１９００年代初めは、現在の染色体の研究でごく普通に用いられている細胞培養や、染色体標本を作る際におこなわれる低張処理の技術（後述）がまだ開発されておらず、細胞分裂が盛んな組織を用いて切片《せっぺん》標本（組織を薄く切りスライドグラスに貼り付けたもの）を作製し、染色体の観察がおこなわれていました。

細胞は球体で、分裂中期に現れる染色体は細胞内で３次元に配置されているため、染色体の数を詳しく調べることは困難です。そのため、切片標本を作り、球形の細胞を２次元で観察することになります。しかし、立体的なものを平面に切って観察すれば数多くの染色体群のある一断面しか観察することができません（【図20左】）。細胞の端の方を切ればその断面には染色体が少ししかなく、真中の方を切れば多くの染色体の断面を観察することができます。

そのため、細胞内に含まれるすべての染色体を端から端まで観察するには、一つの細胞を10〜20枚くらいの輪切りにし、各切片で観察される染色体の断面の像をつなぎ合わせ染色体の三次元構造を推測する必要があります（ＣＴスキャンの画像と同じ原理です）。つまり、得られる二次元の像をもとに染色体の配置を三次元に構築することによって染色体の数をカウントしていたのです。我が国でも、当時から北海道大学でヒトの染色体研究がおこなわれており、小熊捍《まもる》博士

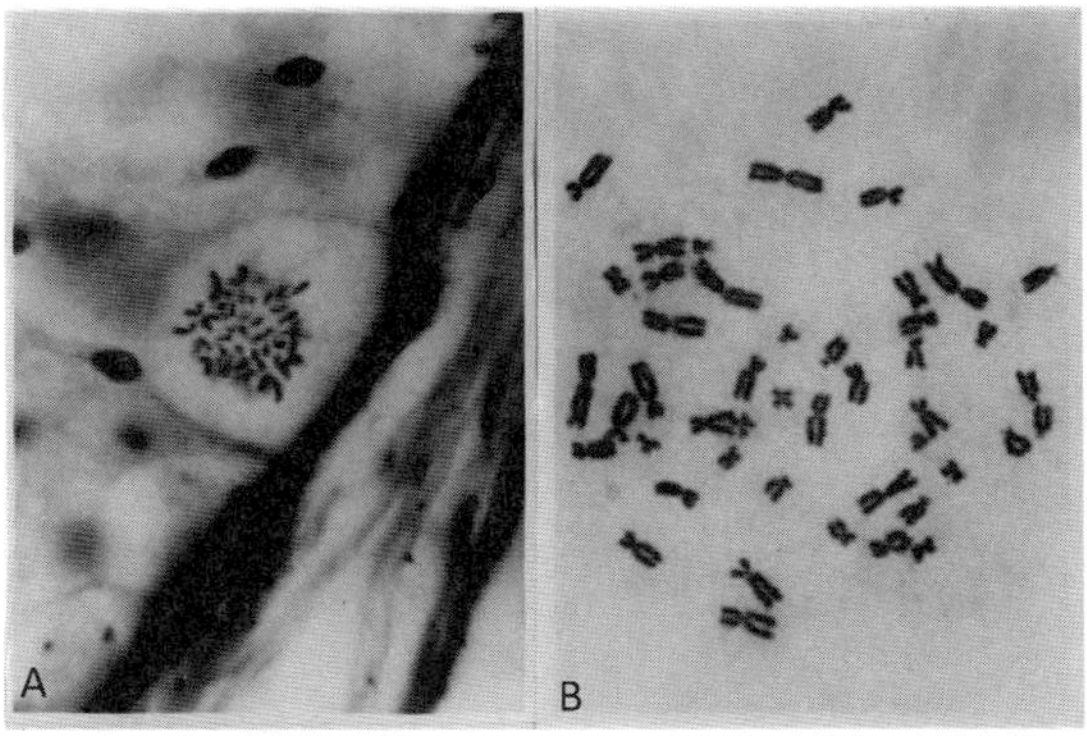

ヒト精原細胞の染色体：固定切片法　　ヒト白血球の染色体：血液培養

【図20】組織切片（左）と培養細胞（右）を用いた染色体解析の比較。

（【図19左】）と牧野佐二郎博士がその先駆者として知られています。

コンピューターを用いた画像のイメージングができない古い時代の染色体観察は、このように大変な手間と労力、そして忍耐を必要としました。なかなか明確な結果が得られなかったことは容易に想像できます。その後も、この方法を用いて何人もの研究者が観察に取り組み、多くの報告がなされましたが、どれも確信が得られるものではありませんでした。

しかし、多くの研究者が長年にわたって取り組んでは跳ね返されてきた大きな壁が、ある画期的な方法の開発によって一気に取り除かれることになりました。このブレイクスルーによって、ヒトの染色体は、いとも簡単にその数だけでなく、その姿かたちまでもが白日の下にさらされることになったのです。

その画期的な方法とは、「低張処理」と「細胞培養」でした。現在では、わたしたちが染色体を観察する場合、研究に用いる動物の体内にコルヒチンという物質を注射するか、あるいは細胞を培養しているシャーレの培養液中にコルセミドという物質を加えることによって、細胞の分裂を途中で止め、染色体が形成される時期（細胞分裂中期）の細胞をたくさん集めて染色体標本を作製することができます。

少し専門的な話になりますが、染色体標本の作製には、アルコールと酢酸を3対1程度の割合に混ぜた固定液の中で細胞を固定し、固定した細胞の浮遊液をスライドグラスの上に落として細胞を二次元の平面上に押し拡げて染色体を観察します。この時、染色体がスライドの上で重なることなく広く分散して観察できるように「低張処理」をおこなうのです。「低張処理」とは、固定する前の細胞を生体の体液よりも濃度の低い溶液に浸し、細胞内の核を膨ませる方法です。

生きている細胞が生体内にある時の浸透圧よりも低くなる濃度の液（等張液に対し低張液という）に細胞を浸すことによって、細胞は水を吸収して大きく膨らみ、核の中にある染色体は膨らんだ細胞内で拡がって分散することになります。この状態で細胞を固定し、スライドグラス上に細胞を播くと花火のように拡がった染色体の像（【図20右】）を観察することができるのです。この場合、低張液の濃度が高ければ細胞は膨潤しないし、低過ぎれば細胞は低い浸透圧に耐えきれず破裂してしまうので、適度な濃度で低張処理をおこなう必要があります。

当初は濃度を低くした生理食塩水を使用していましたが、現在では細胞へのダメージが少なく低張効果の高い1％濃度のクエン酸ナトリウム液や0・56％濃度の塩化カリウム液などが用いられています。この簡単な方法を用いるだけで、標本のでき具合が劇的に改善され、染色体の観察が容易になるのです。

この画期的な方法も、結果がわかってしまえば簡単なことのように思えますが、コロンブスの卵と同じように、これを思いつくのはなかなか難しいものでした。この方法は、実験の失敗から偶然に思いついたといいます。たまたま濃度を間違えて作った生理食塩水を用いたことによって、それまでうまく作れなかった良好な染色体標本が作製できたのです（真偽不明で、後でこじつけた話かもしれませんが）。得てして失敗が発見をもたらすものですが、いずれにせよ膨大な数の試行錯誤の繰り返しによって、この技術が生みだされたことは間違いありません。

さらに、「細胞培養」の技術は、ヒトのみならず多くの生物の染色体研究を飛躍的に発展させました。細胞培養は、細胞が生体内で分裂し増殖する状態を試験管内で再現する方法です。つまり、プラスチックのシャーレやフラスコ内で、細胞が分裂して増殖するために必要な栄養素を含んだ培養液の中で細胞を育てるわけです。その際、細胞の分裂を促進するような成長因子を加える必要があるのですが、これらは人工的に合成することが難しいため、一般にはそれらの物質を多く含むウシの胎児の血清を加えて細胞を培養します。

１９５５年、スウェーデンにあるルンド大学のアルバート・レヴァンとジョー・ヒン・チョーは、ヒトの流産胎児の肺細胞を培養し、低張液を用いて染色体標本を作ることによって、ヒトの核型が、女性が46本でＸＸ型の性染色体を持ち、男性は46本でＸＹ型性染色体を持つことを明らかにしました。この発見は、12月22日午前２時と記録されています。そう、日時を見れば一目瞭然ですね。クリスマス休暇中の真夜中であるにもかかわらず、二人は研究室で熱心に顕微鏡を覗いていたのです。顕微鏡下に拡がるヒトの美しい染色体像を見つけた瞬間の興奮と感激たるやいかばかりのものであったかは想像に難くありません。二人にとっては何物にも代えがたい最高のクリスマスプレゼントでした。

この画期的な発見は、年明け早々（１９５６年）に全世界に向けて発信されました。実は、この発見以前にも、細胞の切片を用いたヒト染色体の観察によって、数人の研究者がヒトの染色体が男女ともに46本というデータを得ていたといわれています。しかし１９１２年、最初にヒトの染色体について報告したヴィニウォーターがあまりにも著名な研究者であったことから、研究結果を客観的に判断できなかったか、あるいは恐れ多くて正しい結果を報告できなかったのではないかとわたしは想像しています。ある種の権威や権威の象徴が往々にして科学の発展の障害となり、また若くて優秀な新しい芽を摘んでしまう一つの例ということができるでしょう。

ヒトの性がY染色体で決まることの発見

ヒトの染色体核型の発見と染色体解析技術の進展によって、染色体研究は飛躍的な発展を遂げることになりました。その結果、それまで多くの研究者が調べたくても調べようのなかった先天性異常と染色体異常との関連が次々と明らかになっていきました。

ヒトの染色体の数と形が決まってから3年後の１９５９年には、フランスのジェローム・レジューンらによって、ダウン症が21番染色体を３本持つトリソミー（三倍性）によって引き起こされることが明らかとなりました【図21】。各染色体が正常に２本ずつ対になって存在する場合をダイソミー（二倍性）というのに対し、トリソミーとは、通常２本でセットになっている染色体が３本存在する状態のことをいいます。１本しかない場合はモノソミー（一倍性）といいます。

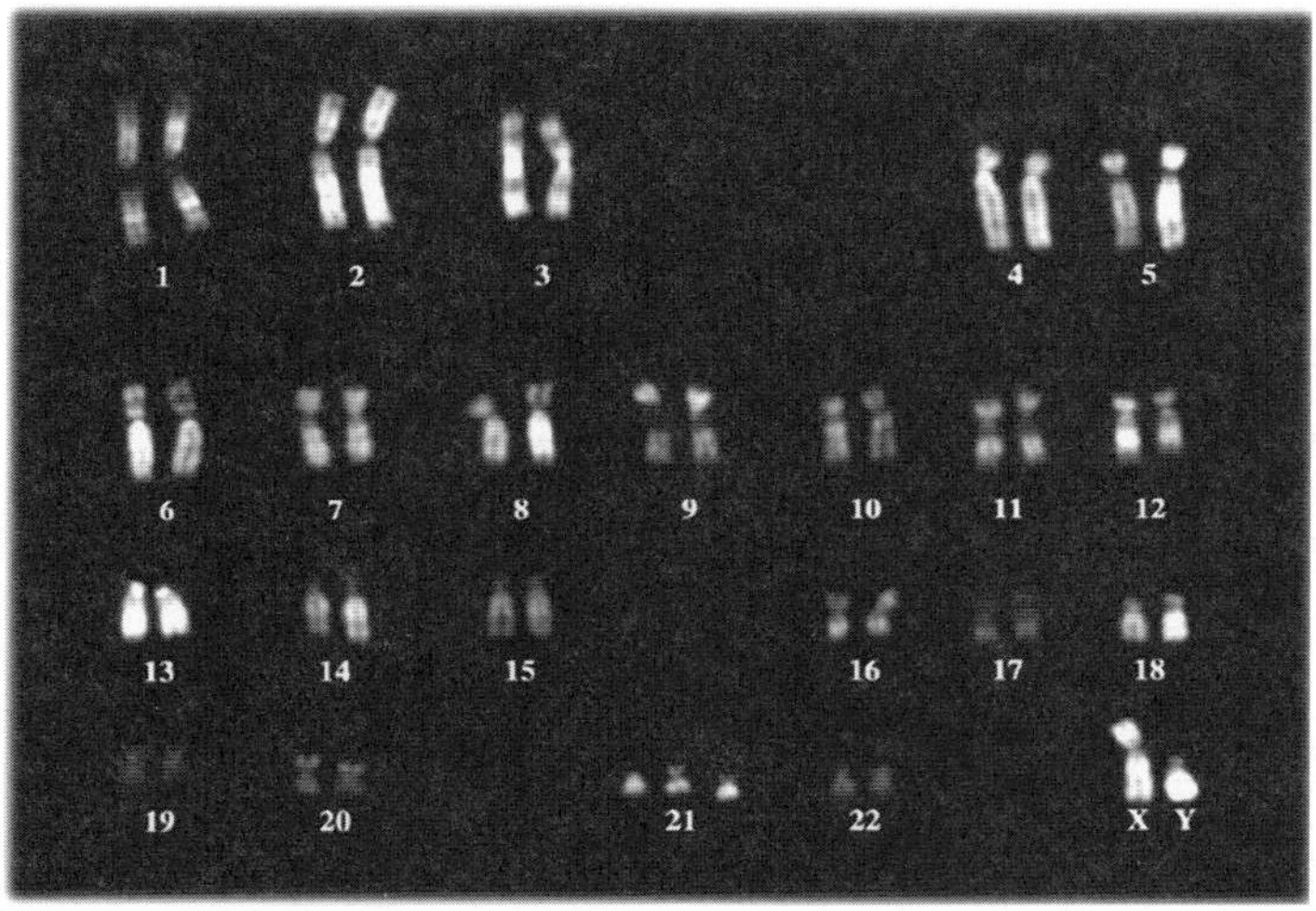

【図21】ダウン症男性の核型。キナクリンマスタードという蛍光色素で染色した核型を示す。21番染色体だけ３本あることが分かる。

この先天異常は１９３２年に報告されて以来、長年にわたって染色体異常との関連が推察されていましたが、27年の歳月を経て、この先天異常が染色体異常によって引き起こされることが証明されたことになります。

性染色体の数の異常は、わたしたちヒトの性決定や性分化における性染色体の役割について多くの示唆を与えてくれます。ヒトの性染色体の数や性染色体構成が明らかにされるまでは、ヒトの場合も前述したように昆虫と同じようなパターンで性が決まると考えられていました。つまり、Ｘ染色体が２本あれば女性、１本であれば男性になると考えられていたわけです。これは、それまでに知り得た限られた情報にもとづいて推定された当然の予想でもありました。

この疑問に明確な答を与えてくれたのは、性染色体の数的異常を持つ先天異常の研究でした。X染色体を2本、Y染色体を1本持つ「クラインフェルター症」の人は、女性ではなく男性です（【図22】）。しかし、男性であることは間違いないものの萎縮した精巣をもち、生殖能力はなく不妊であり、多くの場合、長身で女性的な体つきをしています。

一方、Y染色体がなくX染色体を1本しか持たない「ターナー症」は女性であり、一般に身長が低く、卵巣の発育が不完全で不妊となります。そして、X染色体だけを3本、あるいは4本というように過剰なX染色体を持つ場合もすべて女性となり、X染色体の数が多いほど重い知能障害が表れることがわかっています。また、XXXXY症候群という染色体異常も報告されていますが、この場合は男性となりますが、外性器に顕著な発育不全が見られます。これらの結果は、ヒトの性別は、X染色体の数で決ま

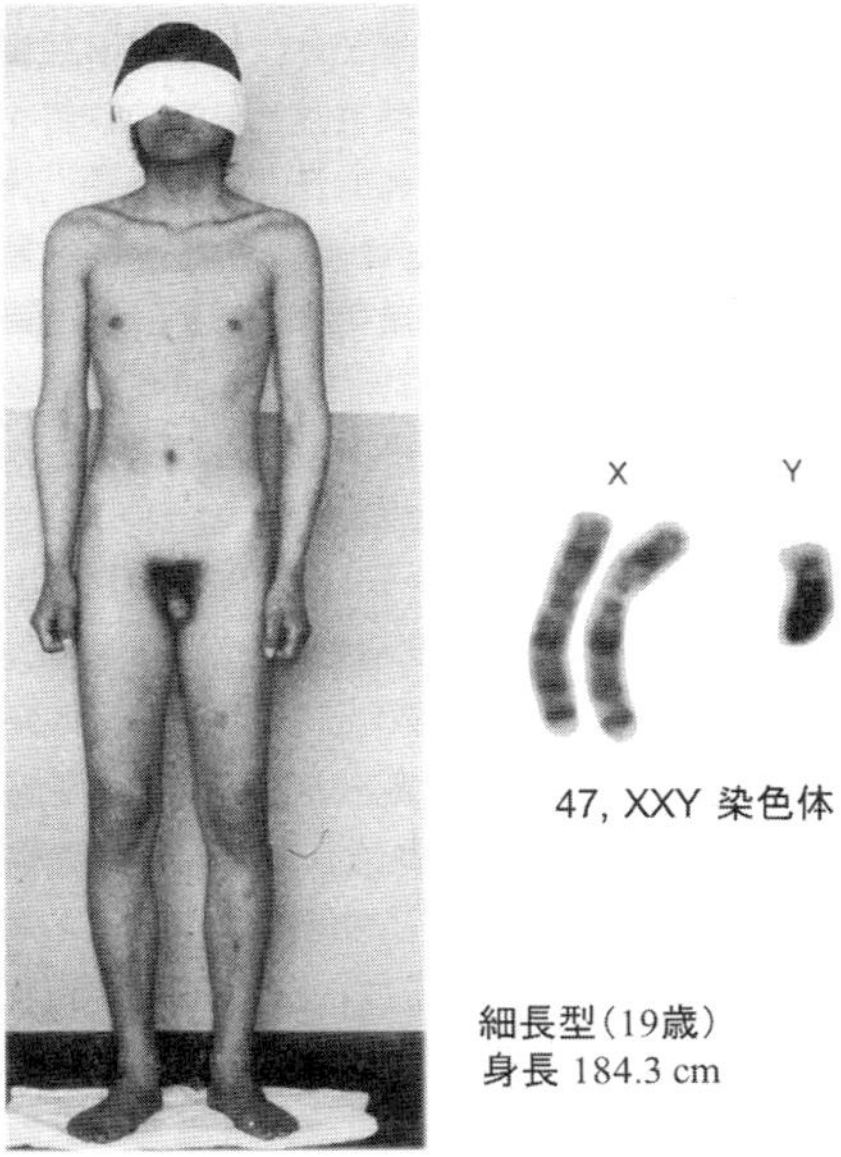

【図22】長身で女性的な体つきをしたクラインフェルター症の男性と性染色体構成。『新染色体異常アトラス』阿部達生、藤田弘子編集、南江堂、1997年より（p347, 図11, 12）。

るのではなく、Y染色体があるかないかで決定されることを示しています。つまり、Y優性型の性決定様式です。

男女が共通して持つ常染色体の場合は、1本がまるまる欠けるモノソミーは非常に重篤な障害をもたらすため、この異常を持つ胚は、多くの場合、着床できずに流産という形で淘汰されてしまいます（この場合は、胚が着床しませんので妊娠が確認されずに起こる流産ということになります）。ところが、X染色体については1本だけしかなくても、あるいは3本以上あっても生命が脅かされることはなく、ほとんどの人は大人まで生存することができます。これには後で詳しく述べる、哺乳類のX染色体特有に見られるある不思議な現象がかかわっています。

（注4）RNA
リボ核酸。DNAの情報を写し取った分子で、主にタンパク質の合成にかかわっている。主要なRNAとしては、リボソームの構成要素であるrRNA（リボソームRNA）、タンパク質合成の時にアミノ酸を運ぶ働きを持つtRNA（トランスファ〈転移〉RNA）、そして遺伝子の情報を写し取ったmRNA（メッセンジャー〈転写〉RNA）などがある。しかし、第6章151ページに登場するpiRNAは、これらとは異なる機能を持つRNAである。

第4章　性染色体と遺伝

みなさんは、筋ジストロフィーや血友病、赤緑色覚異常が、ほとんどの場合、男性に表れることをご存じでしょうか。その理由をこの章で説明します。

次に、X染色体に存在する遺伝子の病気についてもお話しします。その有名な例として、X染色体上の遺伝病で「王室病」と呼ばれた血友病にまつわる、歴史上の出来事があります。ロシア革命で処刑され身元不明となっていたロマノフ王室の一家の遺骨が、DNA鑑定によっていかにして特定されたかという興味深い逸話についてもご紹介しましょう。

伴性遺伝とは

男性は、突然変異を起こしたX染色体上の遺伝子がたとえ劣性であっても、X染色体を1本しか持たないため必ずその表現型が表れてしまいます。それに対し女性の場合は、X染色体を2本持っているので、その2本が両方とも突然変異を持つものでない限り表現型として表れることはありません。このように、性に依存した遺伝様式を「伴性遺伝《はんせい》」と呼びます。「伴性」の読み方には地方色があり、一般に東日本では「はんせい」、西日本では「ばんせい」と読まれる傾向があるようです。西日本では母音を強く、東日本では子音を強く発音することによって読み方が異なる、いわゆる「東清西濁」の一例として知られています。

わたしたちは誰でも、突然変異によってもとの遺伝子の機能が変化した遺伝子や、あるいは正常な機能を失った異常な遺伝子をいくつも持っていると考えられています。そして、異常な遺伝子を持っていてもその形質が表れない人のことを「保因者」と呼び、その状態を「保因状態」といいます。一般には、異常な劣性遺伝子をヘテロ接合（異型接合）で持つ人（たとえばAa、Bbというものです）を指します。それに対し、突然変異遺伝子の形質が表れた人を「発症者」と呼びます。

この突然変異遺伝子が乗っている変異型X染色体（X^m）を持つ父親（X^mY）と正常なX染色体（X）を2本持つ母親（XX）から生まれた娘は、X染色体を父親からもらいますから、かならず変異遺伝子を持つ保因者（X^mX）となります（【図23A】）。しかし、2本のX染色体のうち1本は正常ですから劣性の変異遺伝子の表現型が表れることはありません。

一方、変異型X染色体を持つ父親（X^mY）から生まれる息子の場合は、父親からはY染色体が伝わるため、母親が保因者でなければ、母親から受け継いだX染色体は変異遺伝子を持たないためXY型となり、変異遺伝子の表現型が表れることはありません。

しかし、保因者である女性（X^mX）から変異型のX染色体（X^m）を受け取った息子（X^mY）に

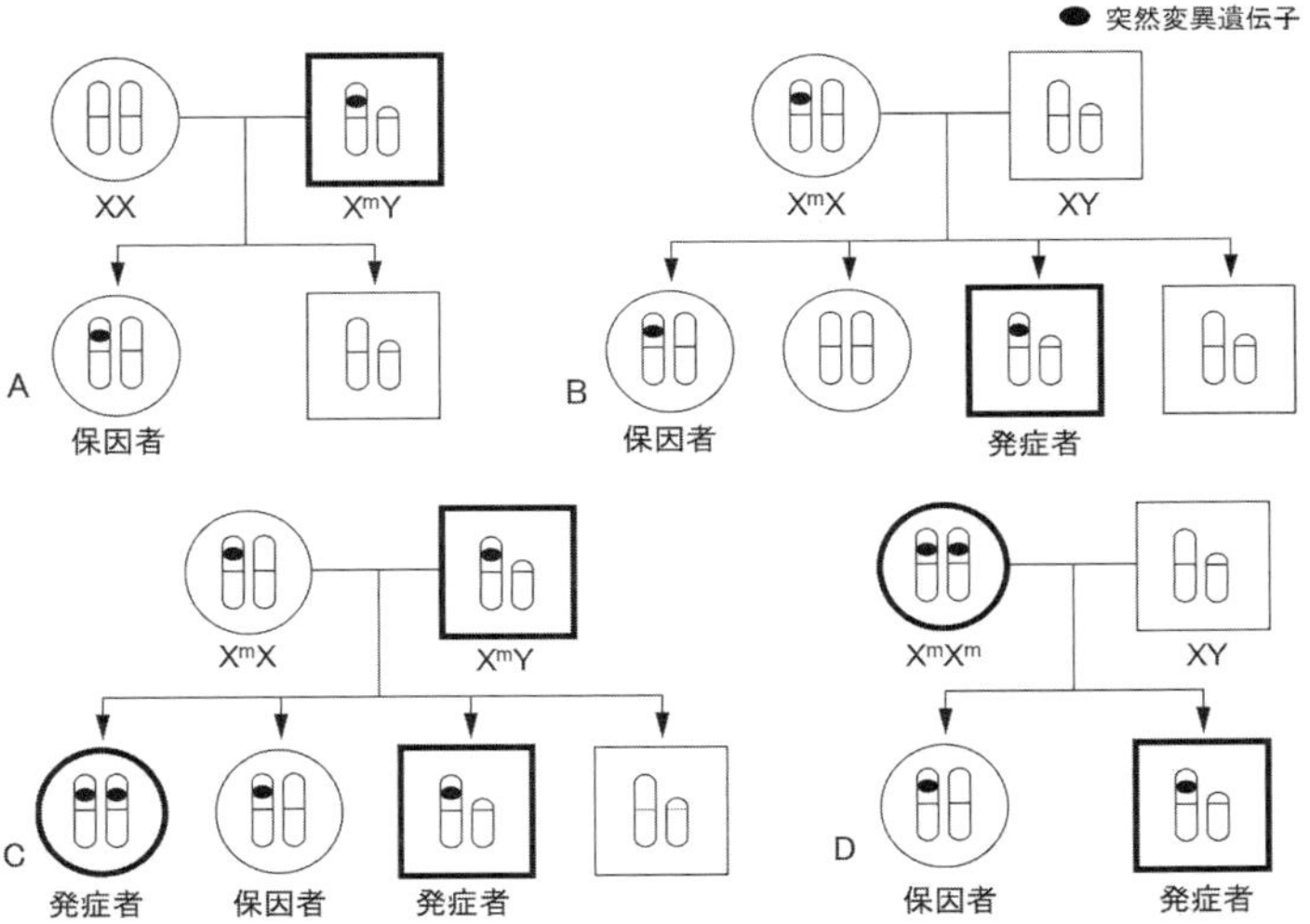

【図23】X染色体の劣性突然変異遺伝子の遺伝様式と発症パターン。『21世紀への遺伝学Ⅰ　基礎遺伝学』黒田行昭編、裳華房、1995年より図を改変（p135, 図3.11）。□囲みは男性、○囲みは女性。

は、必ずその劣性遺伝子の形質が表れることになります（B）。一方、女性の場合は、たとえX^m染色体を保因者の母親（X^mX）から受け取っても、父親がX^m染色体を持っていなければ、娘はX^mX型となり、劣性の形質が表れてくることはありません。

　したがって、発症者の男性（X^mY）と保因者の女性（X^mX）の間の娘と息子のそれぞれ半数は発症者となります（C）。また、発症者の女性（X^mX^m）と発症者でない男性（XY）の間の息子は必ず発症者となります（D）。

　第1章でも述べたように、X染色体の遺伝子の劣性形質として良く知られている筋ジストロフィーや赤緑色覚異常などが圧倒的に男性に多く表れる理由がよくおわかりいただけたと思います。

このように、X染色体上に存在する遺伝子は、父親からは娘へ、母親からは娘と息子の両方へと伝わり、性の違いによって表現型の表れ方が変わる独特の遺伝様式を示します。

X染色体に見られる身近な遺伝子異常

X染色体の遺伝病は、これまでに報告されているものだけでも約600種類に及びます。先ほども述べたように、その中で代表的なものは血友病、筋ジストロフィーです。そして、病気ではありませんがX染色体上の遺伝子の変異によって引き起こされる赤緑色覚異常なども知られています。

X染色体には1000を超える遺伝子があり、それらに異常が生じた場合は、男性では女性よりもはるかに高い頻度でその異常が表現型として表れる仕組みについては、先ほどお話しした通りです。つまり、X染色体を1本しか持たない男性では、突然変異を起こしたX染色体上の遺伝子がたとえ劣性であっても、必ず表現型として表れてしまうのに対し、女性の場合は、X染色体が2本とも突然変異遺伝子を持たない限り表現型として表れることはありません。女性は両親からX染色体を1本ずつもらうため、もらったX染色体が両方とも変異遺伝子を持つ確率は非常に低くなるわけです。

血友病は、出血を止める働きを持つ血液凝固成分である第Ⅷ因子または第Ⅸ因子を作る遺伝子に異常が起こることによって発症します。これらの遺伝子に突然変異が起きると、血液凝固因子がうまく作られなかったり、あるいは正しく機能しなくなることによって、血液が凝固しにくくなります。内出血を起こしやすくなり、出血部位や程度によっては生命の危険にさらされることもあります。

筋ジストロフィーの中で最も多く、そして有名なデュシェンヌ型筋ジストロフィーの原因遺伝子は、アミノ酸の数が３５００以上にもなるジストロフィンという巨大なタンパク質を作る遺伝子です。このタンパク質は筋肉の細胞膜の内側に存在して細胞膜を支える、いわゆる筋肉の骨組みを作る役割を持ち、その異常は筋肉の壊死や全身の筋肉の機能の低下を引き起こします。そして多くの場合、呼吸不全などによって20歳くらいで死に至る、今なお有効な治療方法のない難病です。遺伝子自体が巨大であるため、突然変異が起こる場所も様々で、その症状も多様です。デュシェンヌ型の場合はジストロフィンがほとんどつくれなくなることが原因ですが、ベッカー型では異常ながらも部分的に機能を持つタンパク質が生産されるため、症状は比較的軽度であり良性の経過をたどることができます。

赤緑色覚異常については、日本人の場合、男性では20人に一人、女性では５００人に一人くらいの割合で発生するといわれています。欧米ではもっと頻度が高いようです。赤緑色覚異常は、赤、緑、青という光の3原色の波長をそれぞれ感知するオプシンという遺伝子のうち、それぞれ赤色と緑色を感知する遺伝子に変化が起こることによって、赤と緑の識別ができなくなってしまうことが原因です。そしてこれらの遺伝子はX染色体上に存在するため、赤緑色覚異常は男性に圧倒的に多く表れることになります。

ヨーロッパ王室と血友病

高校の世界史の授業で習った方もいると思いますが、伴性遺伝にまつわる話として最もよく知られているのが、ヨーロッパ王室に拡がった血友病の例です。この病気は、ロシア革命とロマノフ王朝の終焉の一因になったともいわれています。このX染色体上の遺伝子の病気は、いわくつきの伴性遺伝病であり、数多くの逸話が残されています。それらを集めれば、この血友病にまつわる歴史上の出来事だけで本が1冊書けそうなくらいです。

血友病の原因は、血液凝固因子である第Ⅷ因子または第Ⅸ因子を作る二つの遺伝子にあることはすでに述べました。この遺伝子はX染色体にあるため、血友病患者は男性に圧倒的に多く、女性の患者は全血友病患者の1％以下しかいないといわれています。

この遺伝病を引き起こす突然変異は、英国王室からプロシア、ロシア、スペイン王室に持ち込まれたことがわかっています。その変異遺伝子を持つきっかけになった最初の人、いわゆる発端者は、1837年にわずか18歳で王位につき、以後1901年に王位を退くまでの64年間にわたり大英帝国に君臨し、世紀の大女王と呼ばれたヴィクトリア女王であるといわれています。

【図24】はヨーロッパ王室の家系図で、そこには血友病の発症者が示されています。家系図では、○印は女性、□印は男性を表し、男女をつないだ水平線から垂線を下ろし、その下に生まれた子供を左側から順に横に並べて表します。そして■印が発症者、⊙印の人がその変異遺伝子をヘテロ型で持つ保因者を表します。男性はX染色体を一つしか持たないためヘテロ型はなく、この変

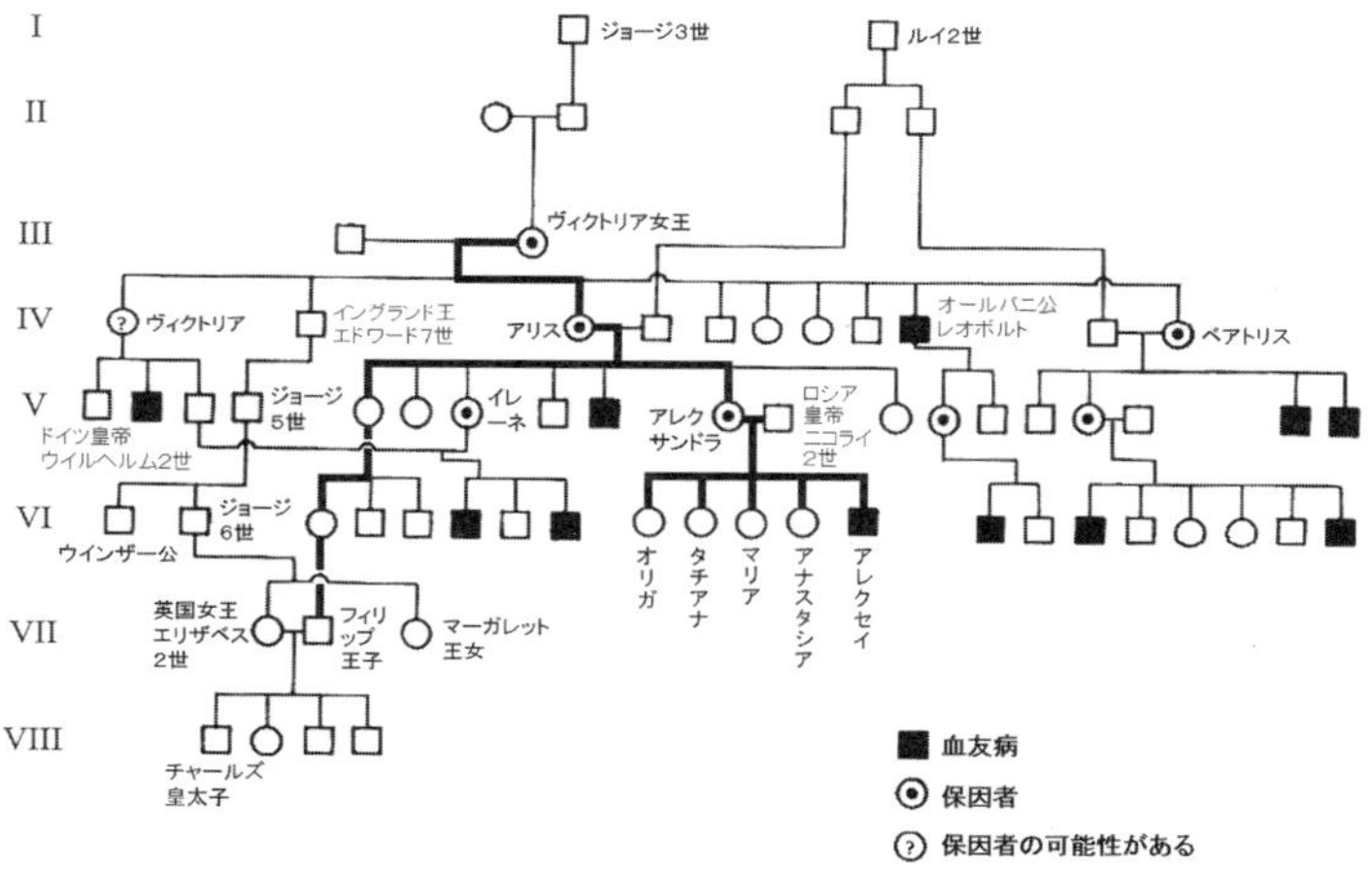

【図24】血友病の発症者が現れたヨーロッパ王室の家系図。太線はビクトリア女王からの母系図の経路を示す。Tamarin, R., *Principles of Genetics*, McGraw Hill, 2004より図を改変（p101, Fig. 5.22）。

異遺伝子を持つX染色体を受け取った男性は必ず病気を発症します。したがって、発症者の男性の母親は必ず変異遺伝子を持つ保因者ということになります。

この図をよく見ていただくとおわかりのように、ヴィクトリア女王の祖先の家系には血友病患者は出ておらず、ヴィクトリア女王の子供（4人の王子と5人の皇女がいたことがこの家系図からわかります）の中の一人の王子（オールバニ公レオポルド）に血友病が発症しています。そして、二女のアリス王女の子供、つまりヴィクトリア女王の孫にあたる二人の王子のうち一人の王子にも血友病が発症しています。また、ヴィクトリア女王のもう一人の娘であるベアトリス王女の二人の王子にも血友病が発症しており、ヴィクトリア女王からスペイン王室に血友病の遺伝子が伝えられたことがわかります。さらに注目していただきたいのは、アリスの娘であるイレーネが嫁いだプロシア王室で、そしてアレクサンドラが嫁いだロシア王室でも血友病を発症した王子が生まれていることです。発症者はすべて男性です。

それでは、この遺伝子の異常はどこでどのようにして現れたのでしょうか？ ヴィクトリア女王より前の世代では血友病の発症者はいないことがわかっていますので、ヴィクトリア女王が発端となる突然変異遺伝子の保因者であることがわかります。（科学的にいえば）おそらくヴィクトリア女王の父親であるエドワードもしくは母親の生殖細胞において血友病の原因遺伝子に突然変異が起こり、その変異遺伝子を持つX染色体がヴィクトリア女王に遺伝したものと考えられます。あるいは、母方の祖先から伝わった可能性も否定できません。その結果、ヴィクトリア女王は血友病遺伝子をヘテロ接合に持つ保因者となり、そしてこの変異遺伝子を持つX染色体が子供たちに遺伝したことになります。

X染色体の遺伝子の病気の場合は、変異遺伝子を持つ男性は必ず発症するのに対し、女性の場合は、変異遺伝子をヘテロ接合で持っていても何も異常が表れないため、保因者であるかどうかはわかりません。そのため、この血友病遺伝子は、ヴィクトリア女王から一見健康に見える娘、そして孫へと受け継がれ、プロシア、ロシア、スペイン王室にその遺伝子が伝えられていきました。この病気が「王室病」と呼ばれる所以です。ところが、幸いにも英国王室にはこの遺伝子が伝わることはありませんでした。英国王室のことは茶の間のニュースでもよく耳にしますが、その家系に血友病の患者がいたという話は聞いたことがありません。

ロシア革命とロマノフ王朝の終焉

この王室病は、世界の歴史を大きく変える悲劇の要因にもなりました。ロシアのロマノフ王朝最後の皇帝であるニコライ2世と、ヴィクトリア女王の孫娘であるアレクサンドラ皇后の間には4人の皇女と、血友病を発症したアレクセイ皇太子がいました。その四女が、後にイングリッド・バーグマン主演の映画「追想」（1956年）にもなったアナスタシア伝説のアナスタシアです。この映画の中で彼女は、ニコライ2世の遺産の獲得をもくろむロシア帝国の元将軍たちによってアナスタシアに仕立てられた、記憶喪失の自殺未遂の女性を演じています。イングリッド・バーグマンはこの映画で2度目のアカデミー主演女優賞を受賞し、また1997年にはアニメ映画「アナスタシア」も制作されています。

さて、話はこうです。一人息子のアレクセイが病気で苦しむ姿に嘆き悲しんだニコライ2世とアレクサンドラ皇后は内にこもり、国民に背を向け、しだいに人望を失っていくようになります。当時、血友病のアレクセイの治療を担当したのが、かの有名な祈禱僧のグリゴリー・ラスプーチンでした。ラスプーチンが話しかけるとアレクセイの発作は不思議と止まり、生気がよみがえったといいます。おそらく一種の催眠療法をほどこしていたのではないかといわれています。その一見目覚ましいアレクセイの治療効果ゆえに、ラスプーチンは皇后の信頼と寵愛を受け、皇帝夫妻の権威を背景に宮廷人事を左右するほどの権勢をふるうことになりました。それによって政治は乱れ、その結果ラスプーチンは、彼が持つ多大な影響力に危機感を覚えた宮廷貴族たちによって暗殺されてしまいます。

そして、その2カ月後には、二月革命が勃発し、ニコライ2世は皇位をはく奪されてシベリアのトボリスクに流されました。これによってロマノフ王朝は終焉を迎えることになるのです。そして、ラスプーチンが生前に予言した通り、その後の十月革命（1917年に起きた二月革命と十月革命のうち、十月革命だけをロシア革命という場合もあります）によってボリシェビキ政府が設立された後も、反革命派との間で内戦が続き、1922年にソビエト連邦が設立されるまでの間に、多くの血が流され、おびただしい数の人の命が奪われました。

ロシア革命の翌1918年、ニコライ2世の一家7人は、シベリアからモスクワへ移送される途中のエカテリンブルグにおいて、反革命派による一家の奪還を恐れた赤軍によって、3人の従者および主治医と共に銃殺されてしまいます。そして、11人の遺体は硫酸で顔を焼かれて郊外に埋められました。しかし、反革命派の軍（白軍）の接近にともない、遺体は隠蔽のために赤軍によって掘り起こされ、その後、アレクセイと皇女の一人の遺体は、残る9人の遺体とは別の場所に埋められたといわれています（二人の遺骨は2007年に発見され、次に述べるDNA鑑定によってアレクセイと三女のマリアであることが判明します）。

その後、白軍がエカテリンブルグを奪還し調査をおこないましたが遺体は見つかりませんでした。このため、皇女たちが難を逃れてどこかで生き延びているという噂が広まり、後で述べるアナスタシア事件が起きるきっかけにもなりました。その後、1978年に、歴史家のグループによってこの皇帝一家を含む9人の遺骨がエカテリンブルグの郊外の道端（実際には白軍の目をくらますために街道の真下に埋められていたともいわれています）で発見されましたが、ソ連当局の弾圧を恐れたため、実際に公表されたのはソビエト連邦崩壊後の1991年でした。

DNA鑑定と母性遺伝

発見された遺骨はどのようにして身元が確認されたのでしょうか？　決め手は各個人が持つDNA配列の違い（DNA多型）でした。1994年から2年の歳月をかけ、遺骨から得られたDNAを用いて、次のような順序だった方法でDNA鑑定による遺骨の身元の割り出しがおこなわれていきました。

（1）性別鑑定：X染色体とY染色体の両方に存在し、X染色体とY染色体の間でDNAの配列が異なる遺伝子の型を調べれば、遺骨がXX型の女性かXY型の男性かを判別することができます。ここでは歯のエナメル質を作るアメロゲニンというタンパク質の遺伝子が使われました。この遺伝子はX・Y染色体間で組換えが起こらない位置に存在するため、X染色体とY染色体の遺伝子のDNA配列が変化し異なっています。そのため遺伝子のDNA配列を調べれば、Y染色体を持つか持たないかを識別することができます。

（2）親子鑑定：マイクロサテライトと呼ばれる2～6塩基程度の短い塩基配列の繰り返し数の違いを調べることによって、親子鑑定がおこなわれました。このような繰り返し配列はゲノムの10万カ所以上に散らばって存在し、しかもその配列の繰り返しの数の個人差がとても大きいため、その違いを調べることによって血縁関係を調べることができます。

（3）身元の鑑定：性別鑑定と親子鑑定がおこなわれた遺骨が皇帝一家のものかどうかを明らかにする最後の重要なステップです。ここでは、ミトコンドリアDNAを用いて母系解析がおこなわれました。ミトコンドリアは、細胞小器官と呼ばれる、細胞の細胞質にある小さな構造体の一つであり、酸素呼吸をおこなってエネルギーを作りだすとても重要な働きを持っています。ヒトのミトコンドリアには1万6569塩基対で構成されるDNAが含まれており、このDNAは核の中にあるDNAよりも変化が起こりやすいため塩基配列の個人差が大きいことが特徴です。そして、ミトコンドリアは核ではなく細胞質遺伝する、つまり卵子の細胞質を介して次の世代に伝えられることから、ミトコンドリアDNAの特徴を調べて比較することによって、母親を介した遺伝（母性遺伝）の経路を調べることができます。

9人の遺骨から回収したDNAを用いて、性別鑑定と親子鑑定がおこなわれた結果、5人の遺骨には血縁関係があり、ニコライ2世、アレクサンドラ皇后、3人の皇女、そして3人の従者と主治医のものである可能性が浮かび上がってきました。しかし、これらの結果から、遺骨が皇帝一家のものであることを断定することはできません。

それでは、どのようにして身元の割り出しがなされたのでしょうか？　この時、ミトコンドリアDNAの母系解析が大きな威力を発揮しました。もう一度、【図24】をご覧ください。アレクサンドラ皇后から母親、そしてその母親というふうに母親側の系図（母系図）を遡ってみてください。そうするとヴィクトリア女王にたどり着きます。したがって、アレクサンドラ皇后はヴィクトリア女王と同じミトコンドリアDNAを持っていることになります。しかし、残念ながら今となってはヴィクトリア女王のDNAの現物を調べるすべはありません。

ミトコンドリアDNAの威力はこの困難を打開してくれました。今度は逆に、ヴィクトリア女王から英国王室における母系の子孫へと下ってみましょう。そうすると、ヴィクトリア女王の娘方の孫娘であるイレーヌの姉には娘がおり、さらにたどっていくと、ヴィクトリア女王のひ孫の子供、すなわちエリザベス2世女王の夫君であるエジンバラ公（フィリップ王子）にたどり着きます。したがって、エジンバラ公は、3世代を超えてヴィクトリア女王が持っていたミトコンドリアDNAを母性遺伝によって受け継いでいることになります。

もうおわかりだと思います。エジンバラ公のミトコンドリアDNAを調べればよいのです。この調査に協力してくださったエジンバラ公のミトコンドリアDNAは、予想通り、アレクサンドラ皇后とその娘と思われる3人の遺骨から得られたミトコンドリアDNAと見事に一致し、発掘された遺骨はロシア革命で処刑されたロマノフ王朝最後の皇帝一家のものであることが判明しました。

同様に、ニコライ2世の遺骨の鑑定もおこなわれました。石棺に納められていた弟のゲオルギー大公の遺骨や、彼らの祖母にあたるデンマーク王妃ルイーゼの血縁で母系の親戚関係にある人たちの血液などからミトコンドリアDNAを採取して調べた結果、それらもすべて同じ母系に属することが確認されました。その際、ニコライ2世と弟のゲオルギー大公が持っていたミトコンドリアDNAは、非常に珍しいヘテロプラスミー（同じ個体において異なる配列のミトコンドリアが混在する状態のこと）であることがわかりました。血縁関係のないものの間で同じヘテロプラスミーが偶然に見つかることはありませんから、調べられた遺骨がニコライ2世のものである決定的な証拠とされました。

さらに、また異なる方法で遺骨がニコライ2世のものであるかどうかを確認することができました。皆さんのなかには、日本史の授業で大津事件という出来事を習った方がいると思います。1891年に起こったこの事件は、当時ロシア帝国の皇太子として日本を訪問中であったニコライ2世が、滋賀県大津町（現大津市）で警察官に突然切りつけられ負傷した暗殺未遂事件です。

当時の内閣は対ロシア外交を考慮して犯人の死刑を要求しましたが、大審院（日本国憲法によって最高裁判所が設けられる以前の最上級裁判所）は行政の干渉を受けながらも司法の独立のためにその要求を拒否し、法にしたがって犯人を無期徒刑（懲役）としました。日本において三権分立の意識を広めることになった近代日本法学史上の重要な事件としても有名です。

この時に頭部を負傷したニコライ2世の血痕が付いたハンカチが大津市博物館に保存されています。ニコライ2世の遺骨のＤＮＡ鑑定結果を受けた調査委員会は、1998年にこのハンカチの血痕からＤＮＡを採取し、その身元の再確認をおこないました。しかし、当時この解析を担当した北里大学医学部の長井辰男博士は、ニコライ2世はヘテロプラスミーではなく、これまでの報告と食い違いがあることを明らかにしました。さらに、同じヘテロプラスミーであったはずのゲオルギー大公のＤＮＡでもヘテロプラスミーである証拠は確認されませんでした。

そのため、ニコライ2世の遺骨を取り違えたとか、調べた遺骨は偽物であったなど物議を醸し、間違った報道もなされました。しかし、長年にわたり地中に埋まっていた人骨のＤＮＡは分解や変性を起こすことが知られており、また解析がおこなわれた当時の解析技術が未熟であった可能性も否定できず、現在では結論に大きな問題はないとされています。

殺害から80年後の1998年7月、皇帝一家の遺骨は、サンクトペテルブルグのペトロパブロフスキー寺院にあるロマノフ家の墓に埋葬され、エリツィン大統領出席のもとに国葬が営まれました。ここに、1613年に始まったロマノフ王朝の帝政ロシア時代の終焉にまつわる忌まわしい過去の清算がおこなわれたことになります。

アナスタシア事件の結末

1918年の皇帝一家の処刑から1991年(非公式には1978年)まで皇帝一家と思われる遺骨が見つからなかったため、一家の皇女たち4人がどこかで生存しているという噂がささやかれるようになりました。ロマノフ王朝の終焉を語る際に必ず登場する皇女・四女のアナスタシアの逸話は、ロマノフ王朝への哀悼と郷愁、そしてロシア革命による皇室一家の惨殺という忌まわしい過去への後悔の念から民衆が作り上げた伝説のようなものであったのかもしれません。

実は、ロマノフ王朝の終焉後まもなく、アナスタシアを名乗る女性は数多く現れています。その中で最も支持を得たのが、1920年にベルリンで、記憶喪失の自殺未遂者として精神病院に収容されたアンナ・アンダーソンという女性です。アナスタシアと酷似した身体的特徴をもち、王室関係者でなければ知り得ないような知識や記憶を持っていたことから多くの支持を集め、その後、ロシア王室の遺産をめぐる訴訟を起こすことになります。訴訟は長引きましたが、最終的には真偽の確定は困難として却下されました。その後、アンダーソンは、支持者の援助によって1968年にアメリカ合衆国に移住し、結婚後もアナスタシアであることを主張し続け、多くの支持を集めたといわれています。

アンダーソンは1984年に87歳で死去しましたが、その10年後の1994年、エカテリンブルグ郊外で発見された遺骨のDNA鑑定によって、それらが皇帝一家とその従者たちのものであることが確認されました。しかし身元が確認されたのは11体中の9体だけで、三女マリアと皇太子アレクセイと思われる遺骨は発見されていませんでした。4人の皇女の遺骨がすべて見つかっていなかったため、アンダーソンがアナスタシアではないという確証はまだ得られていなかったわけです。

しかし、偶然にもアンダーソンが生前に手術を受けたときに切除された小腸の一部の標本が病院に残されていたため、この試料を用いてミトコンドリアDNAの鑑定がおこなわれた結果、アレクサンドラ皇后のものとは一致しませんでした。また、アレクサンドラ皇后の姉が、現在の英国女王であるエリザベス2世の夫君であるエジンバラ公の母方の祖母であることから、エジンバラ公も同じDNAを持っているはずなのですが、それとも一致しませんでした。

その後、アンダーソンが生前から噂されていたポーランドの農夫の娘であったことがほぼ判明し、この結果は1995年の「Nature Genetics」誌（遺伝学の学術雑誌）にも掲載され、学術的にも広く認められるものとなりました。しかし、それでもまだ根強い信奉者がおり、さらに小腸の標本が本人のものでないことを主張する人もいて、ここまで来るとイタチごっこの堂々巡りになってしまいます。

ところが、２００７年にエカテリンブルグで新たに二人の遺骨が発見され、調査の結果、それらは１９１８年に殺害されたアレクセイと三女マリアの遺骨であることが判明しました。これで皇帝一家全員の身元が明らかになったことになり、四女アナスタシアが生存したという可能性は今や存在しないことになります。

第5章　染色体異常

皆さんは、染色体異常というと、先天異常や遺伝病、放射線障害、がんを引き起こす要因として、怖いイメージを持たれていると思います。染色体は生命情報を担うゲノムＤＮＡで構成されていますから、それに異常が起こればゲノムのバランスや情報の過不足が生じ、さまざまな障害、中には生存にかかわるような重篤な障害が現れることは容易に想像できます。頻度は低いのですが、染色体異常は自然発生的に必ず起こります。わたしたちの周りには、たとえ微量であっても染色体異常の原因となる放射線や有害な化学物質にさらされる危険が存在することを考えますと、ただ染色体異常を怖がるだけでなく、正しい知識と理解を持ってこの問題に向き合うことが重要です。この章では、染色体異常について知っていただくとともに、染色体異常の発生における性差や年齢との関係に焦点を当てながら染色体異常について考えてみたいと思います。

染色体異常とは

染色体異常について詳しいお話をする前に、ゲノムについて復習してみましょう。わたしたちの生命の設計図であるヒトゲノムは、わたしたちの体を形づくる約60兆個の細胞すべてに存在していることはすでにお話ししました。そして、そのゲノムは、23種類（常染色体22種類と、性染色体のX染色体、またはY染色体）の染色体に分かれて収納されています。一つ一つの細胞は、父親から1セット、母親から1セットのゲノムを受け取っているため、2セットのゲノムが46本の染色体に収納されていることになります。

したがって、この2セットの生命の設計図は、ヒトが生きていく上で必要最小限のものであると同時に、情報のわずかな過不足も許されない厳密なものでもあります。染色体が少し欠けて一部の遺伝子がなくなったり（欠失）、あるいは染色体の一部が余分にあって遺伝子が部分的に三つになったりする（重複）と、遺伝子の数（遺伝子量）に過不足が生じ、生命機能に大きな支障をきたすことになってしまいます。また、染色体の一部が切れてひっくり返って逆向きにつながったり（逆位）、2本の染色体が切れて他の染色体がつなぎ変わったり（相互転座）して、正常な遺伝子のならび方に変化が起きても様々な異常が現れます（【図25】）。これらの染色体異常は「構造異常」と呼ばれ、染色体上の一部の遺伝子の並び方や遺伝子量に変化が生じる原因となります。

もう一つは、「数的異常」と呼ばれるもので、すでに第3章の87ページで説明しました。染色体がまるまる1本欠けていたり（一倍性の染色体：モノソミー）、あるいは1本多かったりする（三倍性：トリソミー）と、多くの遺伝子がまとまって不足したり過剰になったりするので、その障

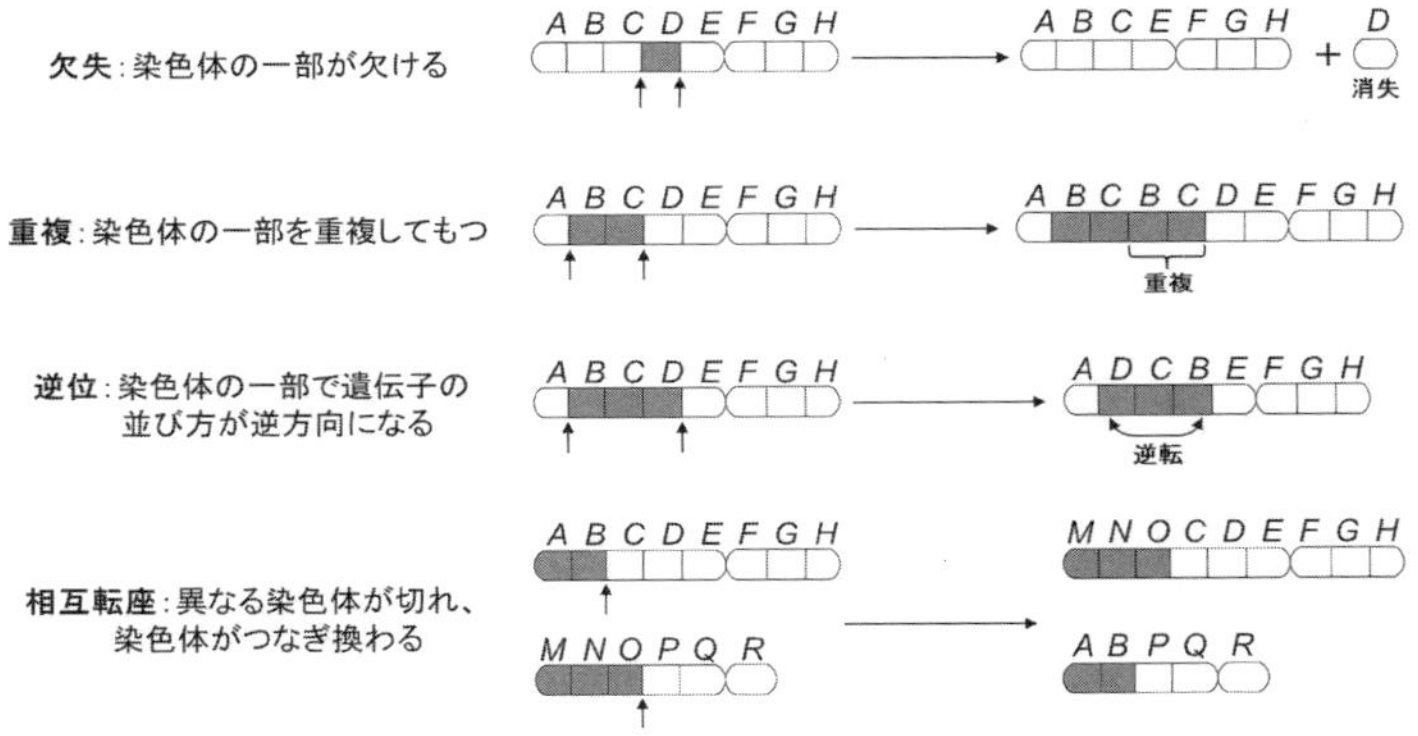

【図25】さまざまな染色体構造異常。『キャンベル　生物学（７版）』（丸善出版）2007年より図を改変（p321, 図15.14）。

害はさらに重篤なものになるのです。

それでは、このような染色体の構造異常や数的異常は、自然発生的にどれくらい起こっているのでしょうか？　ヒトでは、新生児や流産胎児における先天的な染色体異常の大規模な調査が１９７０年代初めから長期にわたっておこなわれており、これまでに膨大なデータが蓄積されています。このような調査はマウスやラットなどの実験動物、あるいは家畜でおこなうことはできないため、先天的な染色体異常の種類や発生頻度に関する信頼できるデータは、ヒトの調査結果しか存在しません。

【図26】は、妊娠が確認された胎児において、先天的な染色体異常がどれくらい生じているかを示したものです。妊娠胎児と新生児に関するこれまでの臨床調査によれば、ヒトの胎児の流産率は約15％にものぼり、流産胎児の約半数は染色体異常を持っていることがわかっています。そして、子宮に着床した胎児が持つ染色体異常の頻度は８％にもおよびます。

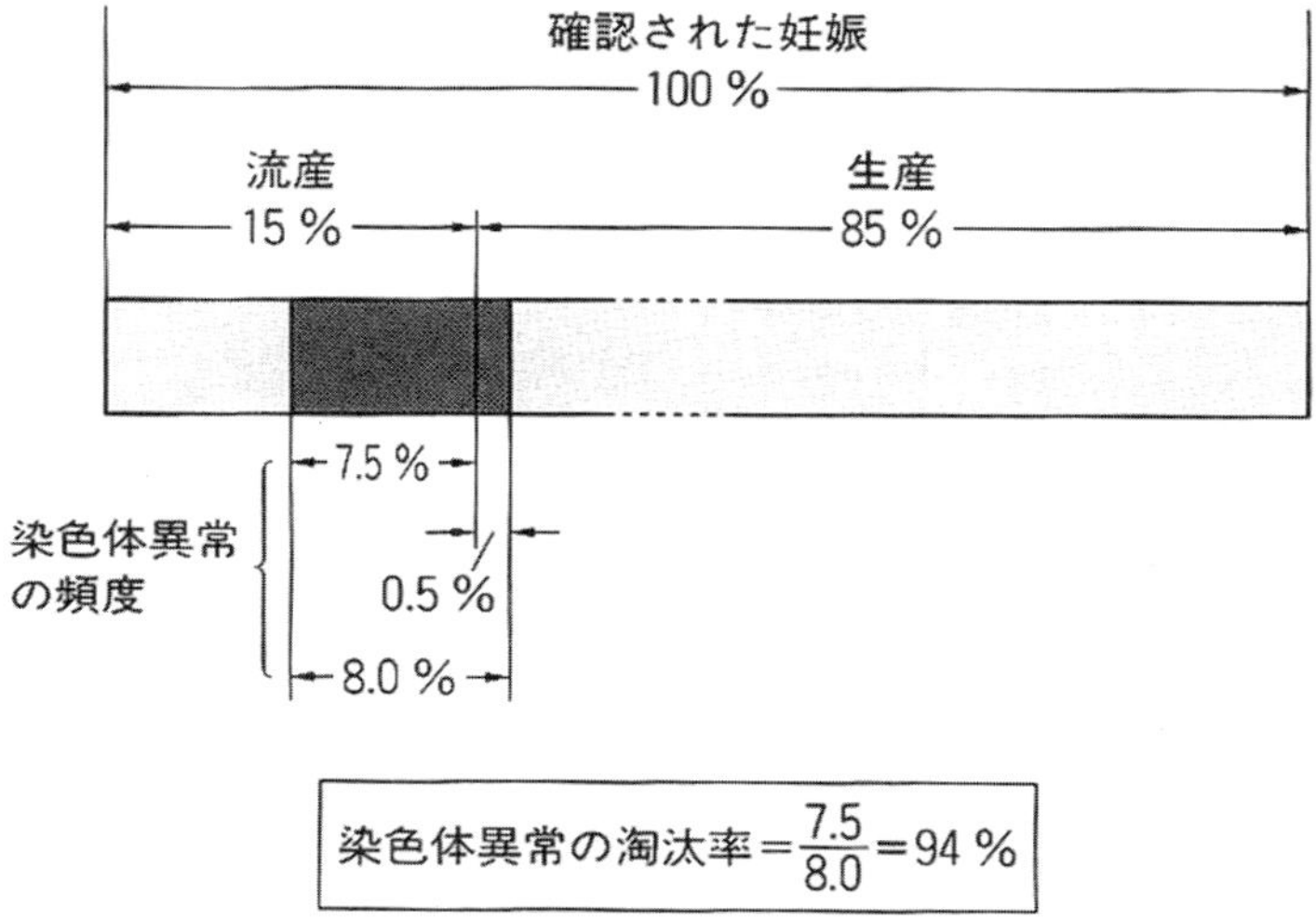

【図26】ヒト胎児の染色体異常の頻度とその淘汰率。臨床検査学講座『遺伝子・染色体検査学』奈良信雄ら著（医歯薬出版）2002年より（p134, 図5-5）。

そのうち7・5%が流産という形で出生前に失われるため、それを差し引いた0・5%の胎児が、染色体異常を持った新生児として誕生することになります。したがって、染色体異常を持つ胎児が流産によって失われる割合は約94%（7・5%／8・0%）となるため、最終的には新生児の染色体異常の頻度はかなり低くなります。

前述した相互転座や逆位などのように染色体の遺伝子量に過不足が生じないような構造異常を除けば、ほとんどの場合、染色体異常は新生児の先天異常という形で様々な障害を引き起こすことがわかっています。なかでも、まるまる1本の染色体の過不足が起こる数的な染色体異常の障害はとくに重篤であり、このような異常を持つ胎児が生存することはほとんどありません。

染色体の数的異常

ダウン症は、21番染色体が1本多くなるトリソミーによって引き起こされる先天異常であることはすでに述べました（88ページ【図21】参照）。読者の皆さんは、染色体異常による先天異常というと、おそらくダウン症を真っ先に思い浮かべられるでしょう、それくらい有名で身近な先天異常です。

前述したように、ゲノムの機能は非常に厳密に制御されているため、ゲノム情報の不足や過多は、多くの場合、重篤な障害をもたらします。そのため、性染色体を除けば、常染色体のモノソミー、あるいはトリソミーの数的異常を持つ胎児は、13番、18番、21番、22番染色体のトリソミーを除き新生児として生まれてくることはありません。そして13番、18番、22番染色体のトリソミーの場合、新生児は生後間もなく死亡し長く生存することはできません。

特に情報量の不足はより深刻で、モノソミーの場合は、胚が子宮に着床する前に死亡してしまうことが多く、この場合は妊娠として確認されることはありません。ヒトの先天的な染色体異常は、胚が着床して妊娠が確認された胎児や新生児のみを調査対象としています。したがって、染色体異常によって着床前に死亡する胚もたくさん存在することを考えれば、実際には精子あるいは卵子が持つ染色体異常の頻度は、胎児や新生児で検出される値よりもさらに高いことがおわかりいただけると思います。

それでは、どうして21番染色体だけが３本あってもヒトは生存していけるのでしょうか？　それは、21番染色体に存在する遺伝子の数が少なく、そして遺伝子量が必要以上に増えても生命を維持することが危うくなるような遺伝子を持っていないからだと考えられています。染色体上に存在する遺伝子の数は、必ずしも染色体のサイズに比例するものではなく、同じような染色体のサイズであっても遺伝子を数多く持つ染色体や、遺伝子の数が少ない染色体もあります。たとえば、21番染色体と22番染色体は大きさにほとんど違いはないのですが、21番染色体が３７３個の遺伝子を持つのに対し、22番染色体の遺伝子数は７０１といわれ、21番染色体よりもずっと多くの遺伝子を持っています。

もちろん、21番染色体上の遺伝子も他の染色体の遺伝子と同様に重要な機能を持っていますから、遺伝情報が必要以上に多くなると健常人とは異なるさまざまな障害や変化が生じることになります。その結果、丸顔、つり上がった目、目と目の間が広い、幅が広くて低い鼻、下あごや耳が小さい、指が短い、などのダウン症特有の身体的特徴のほかに、成長が遅く、多くの場合、知能の発達も遅れます。また、平均寿命が短いという特徴も見られます。

この異常は、一倍性の精子と卵子が形成される減数分裂において、染色体が半分ずつに正しく分離することができず（染色体の不分離といいます）、一方の細胞に21番染色体が２本とも分配された場合に生じます。そして、もう一方の細胞では染色体が分配されずに21番染色体を持たない精子や卵子ができることになります。

後者の精子や卵子と受精した受精卵は、21番染色体が１本足らないモノソミーになるため、遺伝情報が足りず胎児は死亡しますが、トリソミー（三倍性）の場合は生存して新生児として正常に分娩されることになります。したがって、この異常の場合は、減数分裂の過程で21番染色体だけが正しく分離しなかったことが原因であるため、両親は正常な染色体数を持っていることになります。

染色体異常の起源と性差

そもそも男性と女性の配偶子、つまり精子と卵子で染色体異常の起こりやすさに違いはあるのでしょうか？　先天異常が発生した場合、その原因となる染色体異常が父親側か母親側のどちらに由来しやすいかという疑問です。ここでは、染色体の数的異常と性差の関係について考えてみましょう。

ヒトでは膨大な流産胎児に関する臨床データが蓄積されていることは既に述べました。ヒトの臨床データをまとめてみると、妊娠が認められた胎児の少なくとも5％以上が染色体の数的異常（モノソミーまたはトリソミー）を持つことがわかっています。ところが、他の生物で観察される染色体の数的異常の頻度を調べてみると、第2章で紹介した酵母が0・01％、ショウジョウバエが0・02〜0・06％、そして同じ哺乳類であるマウスが1〜2％であることから、ヒトの染色体の数的異常の頻度がいかに高いかおわかりいただけると思います。

次に、受精から新生児に至る過程で染色体の数的異常がどのような経過をたどるかを詳しく調べてみると、染色体の数的異常を持つ胚や胎児のほとんどが、着床前に、あるいは着床後20週までに起こる自然流産によって失われていることがわかります。そして、精子と卵子が持つ染色体の数的異常の頻度を比べてみると、精子が1~2%であるのに対し、卵子では20%という驚くべき高さになっています。

そこで、21番染色体トリソミーのダウン症患者について見てみると、ワシントン州立大学のテリー・ハッソルドとパトリシア・ハントの報告によれば、染色体の数の異常の起源は642例中、卵子由来のものが88%、精子由来のものが8%、それ以外は、モザイク(注5)のように受精後の細胞分裂の異常によって生じたものが占めています。

ヒトのゲノム解析が進んでいない時代には、父親から由来した染色体と母親由来の染色体を識別することは難しかったのですが、ゲノムの研究が進んだ現在では、両親が持つ染色体のDNA配列の違い(DNA多型)を調べることによって、3本の染色体の内の2本が父親から伝わったのか、あるいは母親から伝わったのかを簡単に調べることができ、数的異常の起源を知ることができます。

また、減数分裂における染色体の不分離は、第一減数分裂と第二減数分裂で起こる2通りがあります。そして、卵子では、第一減数分裂で起こる染色体の不分離の頻度が第二減数分裂で起きる頻度よりも高いことが知られています。どうやらこの原因は、男性の精巣と女性の卵巣で減数分裂が起きる時期や減数分裂過程の長さの違いに隠されているようです。次はこの違いについてお話ししましょう。

減数分裂の男女差

どうして精子と卵子で染色体の数的異常の頻度が異なるのでしょうか？　なぜ卵子では第二減数分裂よりも第一減数分裂で数的異常の出現率が高くなるのでしょうか？　それは、精巣と卵巣で減数分裂が起こる時期と減数分裂過程にかかる時間の長さが大きく異なることが原因であると考えられています。

つまり、男性の精子が作られる時間よりも、女性の卵子が作られるまでの時間の方がはるかに長く、また第一減数分裂にかかる時間が第二減数分裂よりもずっと長いため、卵子の第一減数分裂で染色体異常が高頻度に発生すると考えられています。長い間分裂を停止していた卵母《らんぼ》細胞《さいぼう》の第一減数分裂のほうが、絶えず新たに産生される精母細胞よりも染色体の分離に間違いを起こしやすいのです。

もう少し丁寧に説明してみましょう。

ヒトの男性の精巣には、幹《かん》細胞と呼ばれる細胞があり、それが何度も分裂を繰り返して精子を作りだす精母細胞と呼ばれる細胞を大量に作りだします。幹細胞とは自己と同じ細胞を繰り返して作る自己複製能と、別の細胞に分化する能力を合わせ持ち、無限に増殖することができる細胞のことです（例えば赤血球、白血球、血小板などは骨髄にある造血幹細胞から作られています）。そして、精母細胞で起こる減数分裂を経て一倍体の精子細胞となります。その後、形態を大きく変化させて、最終的には運動能力のある長いしっぽを持つ成熟精子となります。おおもとの幹細胞から成熟精子が作り出されるまでの期間は、ヒトで約70日にもおよぶといわれています。

この幹細胞は不死の細胞ですので、男性の場合、幹細胞は個体が死ぬまで分裂を続け、一生涯にわたって精子を作り続けます。そして、成人男性の場合、1回の射精で約4億程度の精子が放出されるといわれています。

一方、卵巣では、卵子を作りだす卵母細胞の減数分裂は、母親のお腹の中で胎児の時にすでに始まっています。卵子を作り出すおおもとの卵原《らんげん》細胞は胎児期の卵巣で増殖した後、卵母細胞となって妊娠3カ月頃から減数分裂を開始するといわれています。そして、第一減数分裂で染色体の対合と組換えが起こった後に、第一減数分裂の途中で分裂を停止してしまいます。そして、出生後、思春期に達するまでの十数年以上にもわたり、第一減数分裂の途中で停止したままの原始卵胞という状態で卵巣の中に留まり、減数分裂の再開を待つことになります。

そして思春期に達してから、ようやく一部の原始卵胞が定期的に（ヒトの場合は4週間の周期、マウスでは4日間の周期で）成長して減数分裂を再開し、成熟した卵子となって輸卵管の中に排出されます。これが排卵です。このように、卵子となる運命の卵母細胞はすでに胎児期にできあっていて、以後、卵子となる新たな細胞が作りだされることはありません。

それでは、卵巣の中に存在する原始卵胞の数はどれくらいあるのでしょうか？　ヒトの6カ月の胎児では約500～600万個の原始卵胞が存在するといわれ、それらは出生時までに100万個程度にまで減少します。その後も卵母細胞は数が減少し、そして成熟期に達して毎月排卵が起こるようになる頃には、99％以上の卵母細胞が死滅し、原始卵胞の数は数万個にまで減少してしまいます。

では、残された細胞の中で、排卵に向けて発育できる原始卵胞の数はどれくらいあるのでしょうか？　ここで簡単な計算をしてみましょう。排卵に向けて減数分裂を再開して発育する卵胞の数は一度に20個程度といわれています。そして、4週間ごとに1回排卵し続け、閉経まで35年にわたり排卵が続くとすると、その数は20個×52週／4週×35年＝9100個となります。しかし、毎回成長する20個の原始卵胞の内、通常1個だけが自動的に選択されて発育をつづけ成熟した卵子となって排卵されます。その他の卵胞は縮小して卵巣組織に吸収されてしまいます。したがって、ヒトの女性において一生涯に排卵される卵子の数は400〜450個程度にすぎません。

このように、卵子のもとになる原始卵胞はすでに胎児期に形成され、成熟期に達してから減数分裂を再開するまで、第一減数分裂の途中で停止していることになります。そして、そのなかの一部の原始卵胞だけが発育して第一減数分裂を再開します。ところが、第二減数分裂の途中で再び減数分裂を停止し成熟卵子として排卵されることになります（72ページ【図16】参照）。したがって、長い休眠時間を経た後に減数分裂を再開しやっと成熟卵子として排卵されても、まだ減数分裂は終了していないことになります。

それでは、第二減数分裂の中期までたどり着いた卵子はどのようにして減数分裂を終了させるのでしょうか？　その引き金になるのが受精です。精子が卵子に侵入することによって減数分裂がもう一度再開され、そして第二極体（第一減数分裂によって最初に放出される極体を第一極体、第二減数分裂によって最初に放出される極体を第二極体といいます）が放出されてようやく受精が終了します（【図16】参照）。したがって、第一減数分裂が十数年にもおよぶ長期間にわたるのに対し、第二減数分裂は卵子の排卵時から受精までの数時間から1日以内で終了することになります。

高齢出産と染色体異常の関係

日本人女性の結婚年齢は年々高くなっています。いわゆる晩婚化が進み、第一子の平均出産年齢も今は30歳を超えています。また、昔のような結婚適齢期という意識は薄れ、結婚したい時が結婚適齢期という考え方も一般的になりつつあります。また、ある調査によれば、最初の出産は35歳までに終えたいと回答した女性が最も多いという報告もあります。したがって、晩婚化は現代社会の自然の流れなのかもしれません。

高齢出産では、出生児の先天異常のリスクが高まることがわかっています。高齢出産であっても、無事に出産を終える人は多いのですが、臨床データによれば、流産の率は20代の人に比べるとずっと高くなります。流産胎児の約半数が染色体異常に起因することはすでに述べましたが、出産の高齢化とともに、母体環境だけが流産の原因でなく、胎児の染色体異常のリスクも上昇するようです。

【図27左】は出産時の母体年齢とダウン症の発生率を示したグラフです。皆さんはこの図を見て、母体の年齢の増加とともに、21番染色体の数的異常を持つ新生児の割合が急激に増えていることにきっと驚かれるでしょう。この図は、先に説明したトリソミー型の異常の出現率を表していますが、1本余分な染色体のほとんど（全体の約93％）は母親に由来することがわかっています。

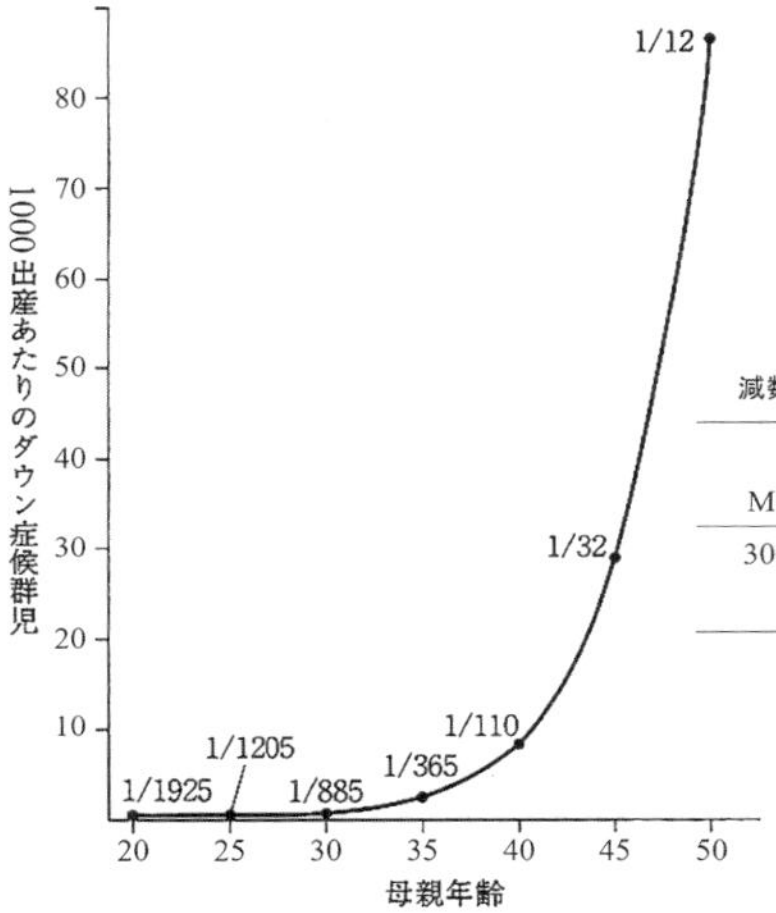

減数分裂時における21番染色体の分離異常の起源

母親		父親		計
MI	MII	MI	MII	
306	101	5	24	436
93%		7%		

MI：第一減数分裂
MII：第二減数分裂

【図27】左：出産時の母体年齢とダウン症の発生率の変化（Hook & Chamber,1977）と、右：染色体異常の発生の起源（Hassold ら1993)。（左図）『人のための遺伝学』安田徳一著（裳華房）1994年（p33, 図２・３）と、（右図）臨床検査学講座『遺伝子・染色体検査学』奈良信雄ら著（医歯薬出版）2002年（p119, 表５－３）より。

その主な原因は、先ほど述べたように、減数分裂が起こる時期が精巣と卵巣で大きく異なることが関係していると考えられています。つまり、卵子のもとになる原始卵胞はすでに胎児期に形成されていますので、20歳で排卵される卵子は20年、40歳で排卵される卵子は40年のエイジング（加齢）を経た細胞ということになります。さらに、その間の卵細胞を取り巻く外的な要因（自然放射線や変異原物質の暴露）や内的な要因（ホルモン環境の変化や時間経過そのものによる細胞の老化）も、染色体の分離の間違いを引き起こす原因になると考えられています。

また、卵質の低下にともなって

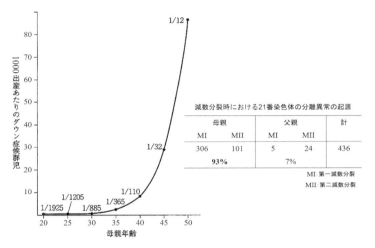

排卵や受精の遅延が起こることによって、第二減数分裂の中期で停止している時間が長くなり、受精後の分裂がうまくいかず染色体の分離異常が起こる可能性も考えられます。そのため、単純に母体年齢だけでなく遅延受精の影響も加味して評価する必要があります。

しかし、加齢や外的要因による染色体の分離の間違いの場合は、第一減数分裂と第二減数分裂の両方で起こりますが、遅延受精の場合は、排卵時にはすでに第一減数分裂は終了していますので、第二減数分裂における染色体の分離異常が原因です。実際に臨床データを見てみると、第一減数分裂での異常が占める割合は全体の75～85％であることから、実際には後者の影響はあまり大きくないと考えられます。

このように、染色体異常の増加と高齢出産との関係は明らかですが、父親の年齢もダウン症の発生率と関係している可能性は否定できません。実際に、父親が高齢の場合は、若齢の父親に比べてその発生率が高くなるという報告もあります。絶えず新たに産生されている精子においても加齢の影響はあるようです。

これまで、染色体異常による先天異常の発生率と母体年齢の関係について、ダウン症の発生率を例にあげてお話ししましたが、ここで注意していただきたいのは、ダウン症の原因となる21番染色体だけが特別に染色体の分離異常を起こしやすいのではないということです。

ヒトの染色体は22対の常染色体と1対の性染色体から構成されていますから、実際には21番染色体だけでなく、他の染色体でも同じように染色体の分離の間違いが起きていると考えられます。

したがって、21番染色体トリソミーのダウン症は、染色体の数的異常によって引き起こされる先天異常のごく一部にすぎません。

性染色体の場合を除いて、受精卵が持つ常染色体が1本多い、あるいは1本少ない場合、ほとんどの胚は子宮に着床する前、あるいは着床後すぐに死んでしまうことはすでに述べました。しかし、出生後も長く生存できる例は、ダウン症を除いてほとんどないため、21番染色体だけが特に異常が起こりやすいと錯覚されているようです。ダウン症はヒトの胎児における染色体異常の氷山の一角に過ぎないのです。

染色体異常の男女差

精子と卵子における染色体異常の起こりやすさの違いには、精巣と卵巣の間で減数分裂が起きる時期と減数分裂に要する時間の違いが関係していることは、すでに述べました。しかし、母親側から多くの染色体異常が子供に伝わる原因はそれだけではなさそうです。

減数分裂で染色体が正しく分配され正常な染色体数を持った精子や卵子ができるには、減数分裂で相同染色体が正しく対合して組換えを起こし、そして細胞が分裂するときに紡錘糸（35ページ）が正しく形成されて染色体が分離することが必要です。

そのため、単細胞生物である酵母から多細胞生物のヒトに至るまで、減数分裂を起こす生物は、減数分裂に間違いが起きていないかどうかを監視する、細胞周期チェックポイント機構という巧妙な仕組みを持っています。この監視機構が正しく働かなければ、染色体の数が異常な精子や卵子ができやすくなってしまいます。

ところが、この監視機構の厳密さが、精子と卵子を作る細胞で大きく異なることがわかっています。たとえばマウスの場合、雄すなわち精巣での減数分裂で相同染色体の対合や組み換えがうまくおこなわれなかった場合、チェックポイント機構が働いて早い段階で減数分裂が停止してしまいます。そのため、結果的に異常な染色体を持つ精子は作られないことになります。

ところが、雌すなわち卵巣の減数分裂では、この監視機構がかなりゆるく、相同染色体の対合や組換えがうまくおこなわれなくても減数分裂が停止することなく、異常な染色体を持つ卵子が作られてしまうことがあります。つまり、異常な卵子ができることを許してしまうわけです。

染色体の対合や組換えと、染色体の分離という、配偶子を作る重要なプロセスを厳密にコントロールする遺伝子の多くは、酵母からヒトに至るまで共通に存在しています。これは、酵母であってもヒトであっても、減数分裂の基本的なメカニズムはほぼ同じであり、多くの生物で広く保存されていることを示しています。

これらの遺伝子をそれぞれ壊したマウスを人工的に作り、精巣と卵巣の減数分裂を調べてみると、減数分裂が停止する時期はたいてい雌よりも雄が早く、中には雄では精子が作られないような異常であっても、雌では異常な卵子が作られる場合も多く見られます。このように、減数分裂の誤りを見つけ出してその細胞の分裂を停止する監視機構が、雄では雌よりも厳密に働いていることが、精子由来の染色体異常の割合が卵子よりも圧倒的に低い要因にもなっているようです。

この結果は、減数分裂のチェックポイントという機構が、子孫を残すためにとても重要な仕組みであるにもかかわらず、長い進化の過程で雄と雌の間に大きな違いが生じてしまったことを意味しています。

（注5）モザイクとキメラ

モザイクは、同一の起源を持つ細胞から異なる性質を持つ細胞が生じた場合を指し、キメラという言葉と使い分けをする。キメラは、ギリシャ神話に登場する、頭がライオン、胴体がヤギ、そして毒蛇の尻尾をもち口から火を噴く架空の動物に由来する。これらは起源が異なる動物の体の部分が寄せ集まってできたものであり、モザイクとは意味が異なるため、両者を正しく使い分ける必要がある。

第6章　「性」はどのようにして決まるのか

第6~10章では、性決定様式と性染色体の進化について述べます。これらの五つの章はわたしが専門とする研究分野であり、皆さんにとっては多少難解なところもあるかと思いますが、重要な点にしぼってなるべくわかりやすくお話しするつもりです。難しいと思われた方は、結びの第11章、第12章に進んでいただいてもけっこうです。

第1章では、ヒトやマウスは性決定遺伝子*SRY*（*Sry*）をもち、X染色体に存在する遺伝子はヒトやネコでもほぼ同じであることを述べました。しかし実は、性染色体に存在する遺伝子や性を決める方法は、動物種によって多種多様であり、昆虫や両生類、爬虫類、鳥類などほかの動物ではヒトなどの哺乳類とは大きく異なります。第6章では動物が持つ多様な性決定様式について、第7章ではどのようにしてY染色体が生まれ、そして劇的にその構造を変化させてきたのか、第8章では両生類、爬虫類、鳥類、哺乳類の性染色体の進化過程についてお話しします。

さらに、第9章では、動物が性や性染色体を持つことによって引き起こされるユニークな生命現象について、そして第10章では哺乳類が胎盤を獲得したことによって生みだされたとても不思議な現象についてお話しします。ヒトの未来について急ぎ知りたい人は、第11章を先にお読みください。

様々な雄と雌の関係

ヒトの体は本来女性になるように設計されており、Y染色体を持たなければ女性、Y染色体を持てば男性になることはすでに第3章でお話ししました。しかし、ヒト以外の動物には遺伝では決まらない多種多様な性決定様式が存在します。性をまったく持たないものもいれば、自分のいる場所の温度や、雄と雌のどちらが自分の近くにいるかによって性が決まるものもいます。この章では、動物が持つ、驚くばかりに多様な性決定様式とその進化過程について詳しく説明してみましょう。

わたしたちヒトを含め哺乳類では雌雄同体は出現しません。それは、性決定遺伝子の働きによって雄か雌か、つまり精巣ができるか卵巣ができるかが決められ（第一次性徴）、その後の第二次性徴は、性腺で作られるホルモンの働きによって、それぞれの性に特有な体の構造と機能が獲得されるからです。一方、昆虫は細胞ごとに性を持っていて、細胞自身が雄または雌の機能を発揮するため、雄と雌の体が混じり合った雌雄同体の体を作ることができます。

水族館やペットショップの水槽の中で優雅に泳ぐホンソメワケベラやクマノミという魚に目を向けてみましょう。

ホンソメワケベラというベラの仲間は別名クリーナーフィッシュともいわれ掃除魚として知られています（【図28】）。水槽のガラス面についたコケ類などを食べ、魚に付いている寄生虫も食べてくれます。この魚は数個体の群れを作り、その中で一番大きな個体が雄で、他はすべて雌です。その雄はすべての雌と交尾をします。そして、雄が死んだ場合や、ヒトや大きな魚に捕えられて姿を消すと、雌の中で一番大きな個体が性転換し、鮮やかな色彩をまとい雄になります。性腺は卵巣から精巣に変化し、行動も完全な雄へと変身します。つまり、彼らは環境の変化、すなわち集団構造の変化にともなって自由に性を変えることによってハーレムを形成できるのです（ハーレムとは、イスラム社会における女性の居室のことを指し、そこにはその女性の夫や子供、親族以外の男性が立ち入ることができないことから、生物学の分野では、一夫多妻制のコロニーを意味するようになったといわれています）。

【図28】ハタの口の中にいるのが掃除魚として知られるホンソメワケベラ。環境によって性を変える。写真・名古屋港水族館

ハナダイという魚の仲間も同様なハーレムをつくることが知られています。このように、社会的な環境によって性転換が誘発されたり抑制されたりする

【図29】イソギンチャクと共生するクマノミは一夫一妻制の繁殖形態をもつ。© Nick Hobgood

ことを、「性転換の社会的調節」といいます。

ディズニーのアニメ映画「ファインディング・ニモ」で一躍有名になったクマノミ（【図29】）はサンゴ礁に棲んでいる魚で、イソギンチャクと共生関係にあります。彼らは数個体から数十個体からなる集団をつくって生息しますが、この魚の場合はホンソメワケベラとは異なり、その中に雌は1匹しかいません。集団の個体数が多くなっても雌は1匹のまま。一番大きな個体が雌で、後はすべて雄なのです。そして、この雌と交尾できるのは一番体の大きい雄だけです。そのため、雌が姿を消すと、一番大きい雄が性転換をして雌に変わります。そして、残りの雄の中で一番大きいものが繁殖雄の地位を獲得するのです。

このように、集団構造に依存して性転換する動物では、繁殖形態と雌雄の体の大きさに明確な相関が見られます。ホンソメワケベラのようにハーレム型の繁殖様式を持つグループでは、雄は体が大きい方が交尾に有利であることから、必然的に体の大きい個体が雄になると考えられます。

一方、複数個体の集団でありながら、一夫一妻制の繁殖形態を持つクマノミでは、雌が多くの卵を産むことが繁殖効率を上げることになるため、体の大きい個体が雌であるほうが有利であると考えられます。このように、両者はともに非常に理にかなった性転換をともなう繁殖システムを、集団を維持するための戦略として用いているといえるでしょう。

【図30】カイロウドウケツ（偕老同穴）。ガラス質の骨格の中でひと組のドウケツエビの雌雄は一生をともに暮らす（名古屋市水族館にて筆者撮影）。

相模湾や駿河湾の深海には、カイロウドウケツという名のカイメンの仲間が生息しています（【図30】）。二酸化ケイ素（ガラス質）の骨格をもち、その姿から「ガラス海綿」や「ヴィーナスの花籠」とも呼ばれています。この生物はちょっと変わっていて、ガラス質の骨格の中には雌雄一対のドウケツエビという名の小さなエビが棲んでいて、2匹が海綿のなかで一生を過ごすことから、中国最古の詩集『詩経』にある「子と偕《とも》に老いん」（偕老）と「死すればすなわち穴を同じくせん」（同穴）という二つの誓いの言葉にちなんで、「偕老同穴《かいろうどうけつ》」という名がつけられました。このエビは一夫一妻制を頑なに守り、まさしく「偕老同穴の契り」を地でいく生物です。このエビのことを仲の良い夫婦に見立て、結婚式のスピーチにもよく引用されます。

一方、ユムシの仲間に属するボネリアという海産の無脊椎動物は、雄が雌の体内に生息しています。雌は浅い海底の砂地に縦穴を掘って生息し、体調が1m近くあるのに対し、雄はわずか5㎜程度にすぎません。雄は雌の体内で、雌から与えられる栄養分（雌の体液）を餌にして暮らし、雌が卵を産むときにだけ精子を作ります。

雌の体内で受精した卵は水中に放出され、幼生は水中を漂い、やがて砂の上に身を落ち着けます。しかし、幼虫が選んだ場所が、（不幸にも？）砂地にもぐる成体の雌が水中に突き出したT字型の口吻《こうふん》が届く範囲内であった場合、その吻に触れたが最後、雌から分泌されるホルモンによって雄となります。そして雌の体内にとりこまれ、雌の卵子を受精させるための精子を作る機能だけを持つ雌の奴隷と化し、その一生を雌の体内（子宮）で過ごすのです。まさしく究極の（しかし楽ではない）「ヒモ生活」です。一方、雌の吻が届かない場所に身を落ちつけた幼生は、そこにとどまって雌として成長し、幼生を漁っては雄を体内に囲い込んで飼いならし、子孫を増やしていきます。

この生殖様式は、雌が雄を完全に隷属させるものであり、ドウケツエビの場合と対極をなします。ボネリアの場合、雄は雌の保護下にあって自分の子孫を残せることを考えれば、雄が幸せか否かというような感情論はさておき、種の存続という観点から見ればとても合理性に富んだ生殖様式のように思われます。

温度による性決定様式

環境に依存した性決定様式の中には、今述べたような集団の構造や個体間の接触によって性が決まる様式のほかに、「温度に依存した性決定様式」（ＴＳＤ）があります。これまでの研究で、脊椎動物における性決定の祖先型は温度依存的な性決定機構であり、「遺伝的な性決定様式」（ＧＳＤ）は、魚類から哺乳類にいたる進化の過程で、魚類、両生類、爬虫類、鳥類、哺乳類のそれぞれのグループで独自に獲得されてきたと考えられています。

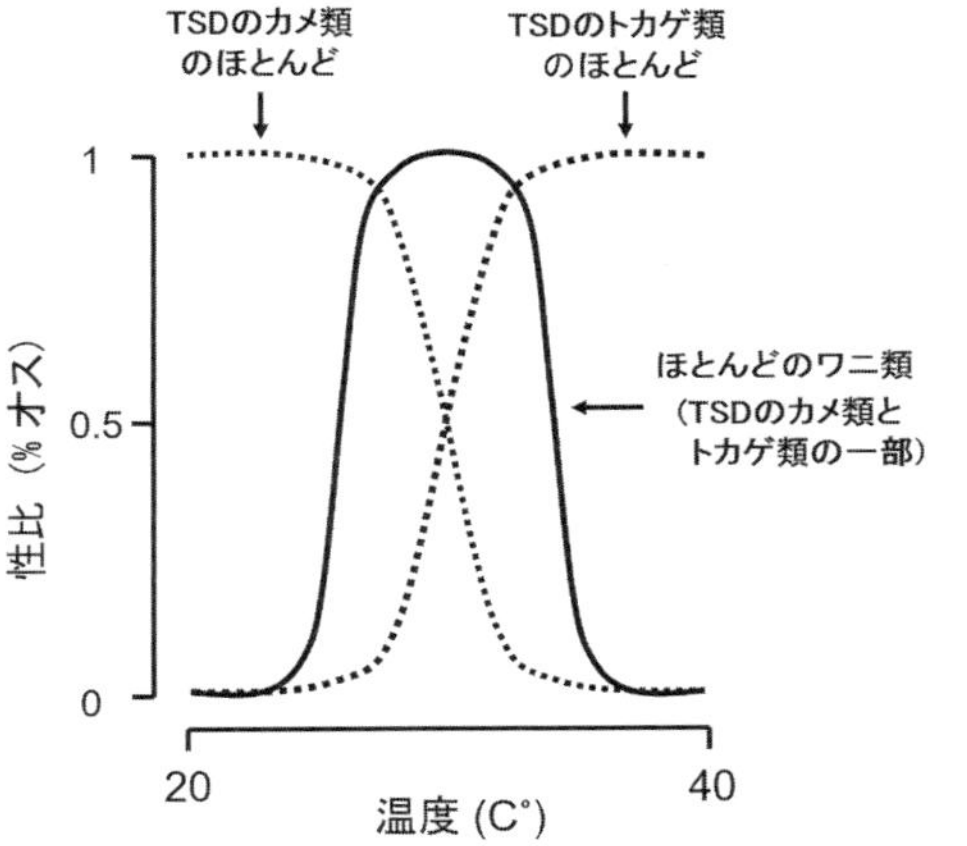

【図31】爬虫類における温度依存性の性決定様式。Ciofi & Swingland, *Appl. Anim. Behav. Sci.* 5, 1997（p254, Fig. 2）より。

ＴＳＤは、卵がかえるまでの間（孵卵期）の温度によって性が決まり、多くの魚類や爬虫類で見られます。爬虫類では、トカゲの場合、温度で性が決まる種はごく一部であり、カメでは大半の種、ワニではすべての種で性が温度によって決まります。

【図31】は様々な爬虫類における孵卵温度と孵化した個体の雌雄比の関係を示しています。このように、温度依存的な性決定様式を持つカメやトカゲ、ワニの仲間では、孵卵温度によって個体の雌雄が決定されますが、動物の種類によって雄と雌が生まれる温度に大きな違いがあるのです。

温度で性が決められるメカニズムについては、爬虫類のカメとワニでよく研究がおこなわれていますが、まだ詳しいことはほとんどわかっていません。ただし、カメやワニでは最適な孵卵温度では雄と雌の比率がほぼ1対1の割合で生まれるため、基本的な性決定はきちんとおこなわれていることになります。したがって、この性決定様式は、温度条件によって性比に歪みが生じ、雄が多く生まれたり雌が多く生まれたりするにすぎないと考えることもできます。

ところが、今年の1月に、こんな報道がありました。「1月8日付の生物学専門誌「Current Biology」によると、オーストラリアのグレート・バリア・リーフ北東部に生息するアオウミガメの幼体を調査したところ、メスが最大99％以上を占めているという研究結果が明らかになったという。アオウミガメの場合、孵化温度が29・3度だとオスメスが半々ずつ生まれ、適温以上だとメスの比率が高まるという」（産経新聞）。このように温度依存的な性決定様式の場合、適温でなければ性比が大きく歪められてしまいます。

哺乳類と鳥類のすべての種では、遺伝的に性が決まるのに対し、爬虫類の多くの種では温度依存的に性を決めるシステムを未だに残しています。それでは、温度で性を決める前述のＴＳＤと、性染色体によって遺伝的に性を決めるＧＳＤの利点はいったい何でしょうか？　また不利な点は何なのでしょうか？　なぜすべてのワニ類は温度依存型の性決定様式を捨てずに頑なに守り続けているのでしょう？

ＴＳＤの動物では環境温度の変化によって性比に偏りが生じるため、急激な環境の変化には適応できないと考えられます。一方、GSDは環境に対して抵抗性があり、気候の変動があっても性比が大きく変動することがないため、雌雄の比率を一定に保つ上で優れた性決定機構といえます。

ワニは、周りの環境を見ながら巣の温度を調節することによって、孵卵温度をうまくコントロールして雌雄を生み分けているという説があります。また、卵を産む場所を変えることによって孵卵温度を調節し性比を変えることができるのかもしれません。これが可能であれば、生まれてくる子供の性比を臨機応変にコントロールできるわけですから、性比を調整するという点では、1対1の性比しか生みだせないGSDよりも好都合かも知れません。つまり、雄が必要なときには雄を、雌が必要なときには雌を多く産み出すことも可能となるからです。きっと彼らはこのからくりを本能的に知っているはずです。

温度を感知し未分化の生殖腺を精巣あるいは卵巣に分化させる遺伝子は、当然存在するはずです。しかし、このような温度感受性の性決定因子は未だによくわかっていません。しかし、2015年末に基礎生物学研究所の井口泰泉《たいせん》教授を中心とした国際共同研究チームは、ミシシッピーワニのTSDに、温度センサータンパク質であるTRPV4チャネルが関与している可能性を見出しました。このタンパク質は温度によって活性化され、カルシウムイオンを細胞の中に流入させて細胞に様々な反応を引き起こします。この物質の活性化剤を塗布した卵を雌になる温度で孵化させたところ、生殖腺で雄化に必要な遺伝子の発現がみられました。一方、阻害剤を塗布した卵を雄になる温度で孵化させたところ、生殖腺の卵巣化と卵管の発達が観察されました。この結果は、雄になる温度ではTRPV4タンパク質が活性化されて生殖腺の精巣化が起こり、雌になる温度ではこのタンパク質の働きが抑えられて卵巣形成が促されることを示しています。このような温度感受性のある因子がTSDに関与していることはほぼ確実ですが、その分子基盤を解明するには今後さらなる研究データの蓄積が必要です。井口教授らの研究成果は、その突破口となる手がかりを与える重要な研究成果であり、今後の研究の発展が期待されます。

TSDは性比が環境の制約を受けるため、種の存続に不利と思われるにもかかわらず爬虫類がTSDを維持する利点（維持できる理由）は何なのでしょうか？　爬虫類における性決定温度はその種の生態環境に最も適したものとなっており、そしてその環境に適応できるように、その種独自の生理的・行動的特性が規定されていると考えられます。もしそうであれば、性比に大きな影響を及ぼすような深刻な環境の変化には対応できないことにもなります。そう考えれば、ワニが日本列島のような四季のある地域ではなく、寒暖の差が小さい亜熱帯から熱帯地域にしか生息していないことも納得できます。

ジュラ紀から白亜紀にかけて大繁栄した恐竜類の性決定様式はTSDであったと考えられています。この時代の温暖な気候ではGSDは必要とされていなかったのかもしれません。しかし、隕石の衝突などによって白亜紀後期から第三紀にかけて急激な気候変動が起こり、そして生まれてくる個体の性比に歪みが生じたために、TSDに依存していたと考えられる恐竜類が大絶滅したとする説も、一つの可能性として十分考えられます。

一方、環境の変化にあまり大きな影響を受けない体の小さな一部の爬虫類や、遺伝的な性決定機構を獲得した爬虫類が絶滅から免れた可能性が考えられます。そして、その進化の名残として、現在もＴＳＤとＧＳＤが混在した性決定様式を種の生存戦略として用いているのかもしれません。

性染色体を持たない遺伝的な性決定様式

アリやミツバチなど社会性昆虫と呼ばれる動物は、個体が様々な役割を分担し合いながら一つの社会としての集団を形づくっていることは皆さんもご存じだと思います。そして、各個体が持つ役割は性や繁殖力によって規定されるのです。

ヒトの体は、22本の常染色体と1本の性染色体からなるひとそろいの染色体セットを二つ持つ二倍体の体細胞で形づくられていることは最初に説明したとおりです。そして、生殖細胞の減数分裂によって、1セットのゲノムを持つ精子と卵子が作られ、それらが受精して次の世代にゲノムが受け継がれていきます。ところが、アリやミツバチは、染色体のセット数の違いによって性が決められています。つまり、彼らの性は、ゲノムを二つ持つ二倍体か、あるいは一つしか持たない一倍体かによって決まるのです。

花から花へと飛びまわり蜜を集めるミツバチはすべて雌です。ヒトと同じように精子と卵子由来の染色体セットを二つ持つ二倍体で、32本の染色体を持ちます（2n＝32と表します）。ｎは核相といって、有性生殖をおこなう生物の染色体構成を表したものです。ゲノムの1セットを持つ一倍体の状態を単相（n）、ゲノムを2セット持つ二倍体を複相（2n）といいます。しかし、二倍体の雌のなかでも、巣の中で交尾をして受精卵を産み落とせるのは女王バチだけです。そして、女王バチは雄バチと交尾して受精卵を産み、それぞれの親が持つ染色体のセットが生まれてくる雌バチに受け継がれていきます。

ところが、女王バチは、精子をもらわなくても雄バチを産むことができます。すなわち、雄バチはすべて、女王バチの卵が受精せずに生まれた個体であるため、女王バチ由来の染色体を一組しか持っていません（n=16）。したがって、雄バチには父親はいないのです。

それでは女王バチは受精卵と未授精卵をどのように産み分けるのでしょうか？　それはすべて女王バチの胸先三寸なのです。女王バチは、雄バチと交尾した後、精子を貯精嚢と呼ばれる袋状の器官にいったん貯めます。そして、卵を産む際、卵が貯精嚢の付近を通過するときに貯精嚢を開いて精子と卵を受精させると、その卵からは二倍体の雌が生まれてくることになります。貯精嚢を開かなかった場合は、卵は受精することなく未受精卵の状態で産み落とされそのまま発生します。いわゆる「単為発生」という方法で一倍体の雄が生まれることになるのです（単為発生とは雌が雄の存在なしに単独で新しい個体を生じる生殖法で、卵が受精することなく単独に発生すること）。

ミツバチの雄もまた、先ほどお話ししたボネリアの雄と同じように、ただ雌と交尾をするためだけに1カ月の短い生命を終える運命にあります。彼らも女王バチと同じように働きバチから餌を与えられ、女王バチとの交尾のためだけに日々を送るのです。そして、女王バチの体内に精子を送り込む儀式のあとには死が待っています。交尾にあずかった雄バチは交尾の際に腹部が破壊されて交尾後に死亡し、交尾できなかった雄は、繁殖期が終わると働きバチに巣を追い出され死ぬ運命にあります。このように、ミツバチは確かに遺伝的に性を決めてはいますが、性染色体に存在する性決定遺伝子によって性を決めているわけではないのです。

余談ですが、読者の中には、子孫の繁栄と雌のために命を投げ出すカマキリの話を思い浮かべる方がいると思います。「雌は交尾後（あるいは交尾中）に雄を食べる」という行為が本能に基づくもののように信じられ、雄の悲哀の象徴のように言われていますが、実際はそうではありません。雄は雌に食われないように雌の隙を見て交尾をおこない、速やかに退散することが可能であり、自然界では雄が雌に食われる可能性はむしろ低いといわれています。雌は雄を餌として認識しているのではなく、目の前の動くものを餌として捕食する性質があるため、たまたま運悪く雌に捕まった雄が食べられてしまうだけのようです。まさしく子孫を残すための命がけの交尾といえます。

性決定にかかわらないY染色体

性染色体の働きにもいろいろな違いがあります。もっともよく知られているのは、ヒトを含む哺乳類のY染色体にある性決定遺伝子 *SRY*（第1章43ページ）です。この *SRY* が胎児の未分化な性腺を精巣に変化させ、雄を作り出します。ところが、ショウジョウバエの場合は、Y染色体を持つにもかかわらず、性を決めるやり方が哺乳類などとは大きく異なります。

遺伝学の研究でもっとも用いられているキイロショウジョウバエという小さなハエは4対の染色体を持っており、そのうちの1対はヒトと同じようにX染色体とY染色体です。ショウジョウバエもコメノゴミムシダマシと同じように、雄がXY型、雌がXX型の性染色体構成を持っています。

しかし、性を決めているのはY染色体ではなく、X染色体の数なのです。Xが2本あれば雌、Xが1本であれば雄となります。したがって、Y染色体を持つ動物であるにもかかわらず、不思議なことにY染色体がなくX染色体を1本しか持たないXO型は雌ではなく雄になります。すなわち、常染色体のセットと性染色体との比率で性が決まるわけです。2セットの常染色体と2本のX染色体であれば1対1の比率となって雌になり、X染色体が1本しかなければ2対1の比率となって雄になるという性決定様式です。

ヒトの場合は、すでに説明したようにX染色体の数は性の決定には関係なく、Y染色体を持つか持たないかによって性が決まります。そのため、XXY型の人（クラインフェルター症）はY染色体の働きによって男性となり、XO型の人（ターナー症）の場合はY染色体がないため女性となります（89ページ）。

一方、ショウジョウバエでは、XXY型は雌、XO型は雄となるわけです。このように、このハエのY染色体は消極的な役割しかもちません。

それでは、ショウジョウバエが持つY染色体は何の役割も持っていないのでしょうか？　実はそうではなく、精子を作るためには、やはりY染色体は必要なのです。Y染色体は、発生期の性決定にはかかわっていませんが、精子形成に関係する遺伝子を持っています。そのため、Y染色体を持たないXO型のショウジョウバエは、雄にはなれますが精子を作ることができません。

このように、ショウジョウバエは、Y染色体を持つにもかかわらず、カメムシやバッタをはじめとした多くの昆虫に広く見られるように、Y染色体が関与しないXX/XO型（XX型雌、XO型雄）に近い性決定様式を持っていることになります。

また、発生学の研究分野でよく用いられるカエノラブディティスという線虫は、もう少し違った性決定様式を持っています。両性具有と雄の二つの性を持つのです。湿った地面の中でうごめいているカイチュウのような形をしたこの小さな虫は、Xを2本持つと体内で卵子と精子を産生する両性具有となり（XX型）、Xが1本だけであれば雄（XO型）となります。

雌ヘテロ型の性決定様式

性染色体の発見はX染色体に始まり、雄特有にみられるY染色体が続いて見つけられました。そしてそのあと新たに見つけられた性染色体がZ染色体とW染色体と名づけられたことはすでにご説明しました。この性決定様式では、ヘテロ型の性染色体対（ZW染色体）を持つ個体が雌となり、ホモ型の性染色体対（ZZ染色体）を持つ個体が雄となります。この性決定様式は、すべての鳥類、そして爬虫類、両生類と魚類の一部、さらに鱗翅目《りんしもく》昆虫（チョウやガの仲間）などで広く見られます。

では、ZZ/ZW型の性決定様式を持つ鳥類でも、哺乳類のSRY遺伝子のように、一つの性決定遺伝子によって性が決められているのでしょうか？　それともショウジョウバエのように、性染色体の数で性が決まるのでしょうか？　W染色体が一つあれば雌になるのでしょうか？　それともZ染色体が二つ以上あれば雄になるのでしょうか？　これまでにわかっていることは、Z染色体とW染色体の両方が性決定にかかわっているらしいということであって、決定的な証拠はまだ得られていません。

ヒトやショウジョウバエでは、性染色体の役割を知る上で、性染色体の数の異常を持つ個体の研究がおおいに役立ったことはすでにお話ししました。しかし、鳥類では性染色体の数的異常がまだあまり見つかっていません。有名なのは、染色体を二組ではなく三組持つ三倍体のニワトリの例です。この個体は2本のZ染色体と1本のW染色体を持つZZW型でした。W染色体を持ちますが三倍体であるため、3セットの常染色体（A）と2本のZ染色体との比率は、3A：2Z＝3：2となり、ZZ型雄の2A：2Z＝1：1とZW型雌の2A：1Z＝2：1の中間型となります。

では、この三倍体ZZW型のニワトリは雄でしょうか？　それとも雌でしょうか？　この個体の性腺を調べた結果、雄でも雌でもなく、右の生殖腺は初期に精巣として、左は卵巣と精巣が入り混じったような形態を持つ卵精巣に分化し、その後発生が進むと徐々に雄性化して最終的には左右両側とも不完全な精巣に似た組織となりました。この結果は、卵巣を作るにはW染色体が必要であり、しかし、完全な雄化と雌化が起こるには、常染色体とZ染色体が、それぞれ1対1と2対1の比率で存在する必要があることを示しています。つまり、哺乳類のY染色体とは違って、鳥の場合はW染色体だけでは完全な雌にはなれないことになります。

哺乳類に代表されるXX/XY型（雄ヘテロ型）と鳥類やヘビ類に代表されるZZ/ZW型（雌ヘテロ型）に対し、魚類、両生類、そしてヘビ類を除く爬虫類では、XY型とZW型の性染色体が混在しています（【図32】）。そして、遺伝的に性が決まることがわかっていても、性染色体が区別

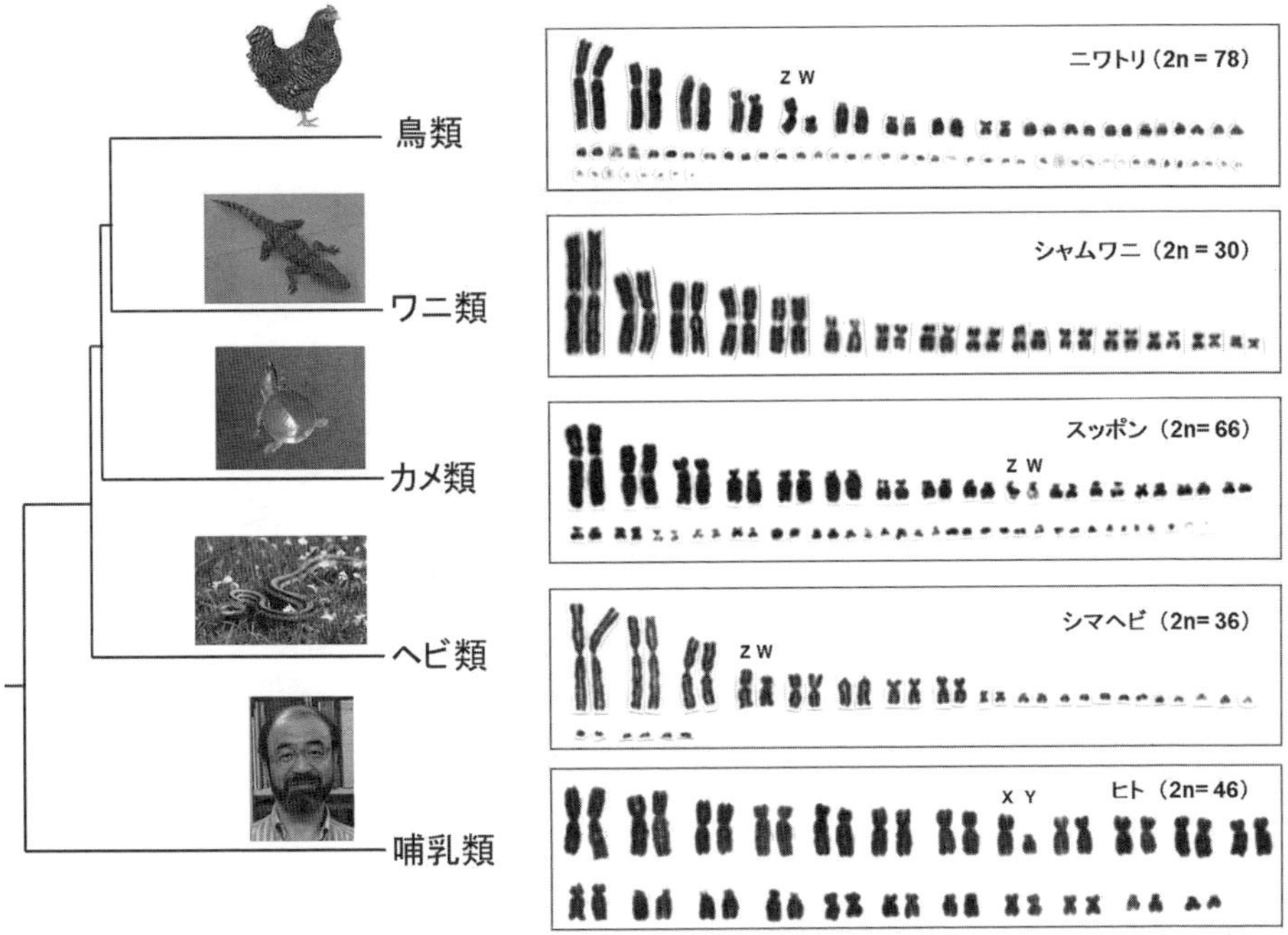

【図32】羊膜類の系統関係と代表的な核型および性染色体構成。

【図33】インドホエジカ（雄）とその核型。

できる種の数は比較的少なく、XY型かZW型かもわからない種も数多くいます。また、両生類や魚類では、まれにXO型（雄ヘテロ型）やZO型（雌ヘテロ型）も見られます。

さらに、3本の染色体によって構成される X_1X_2Y, XY_1Y_2 型などの性染色体構成もあり、これらの染色体構成は哺乳類などでも見ることができます。その一例として【図33】に示すインドホエジカは、哺乳類のなかでは最も染色体数が少ないことで知られています。雄は4本の常染色体に加えて1本のX染色体と2本のY染色体を持つため染色体数の総数は7本であり、雌はX染色体を2本持つため染色体数の総数は6本となります。このあと第8章でお話しするカモノハシは、驚くべきことに5対ものXY染色体を持っています。

男性と女性が生まれる仕組み

繰り返しになりますが、哺乳類の場合、雌が基本形（デフォルト＝本来のプログラム）であり、雄化する仕組みが働かなければ、雌になることがわかっています。雄と雌の違いは、Y染色体上のたった一つの雄性（精巣）決定遺伝子であるSRYの有無によって決まります。

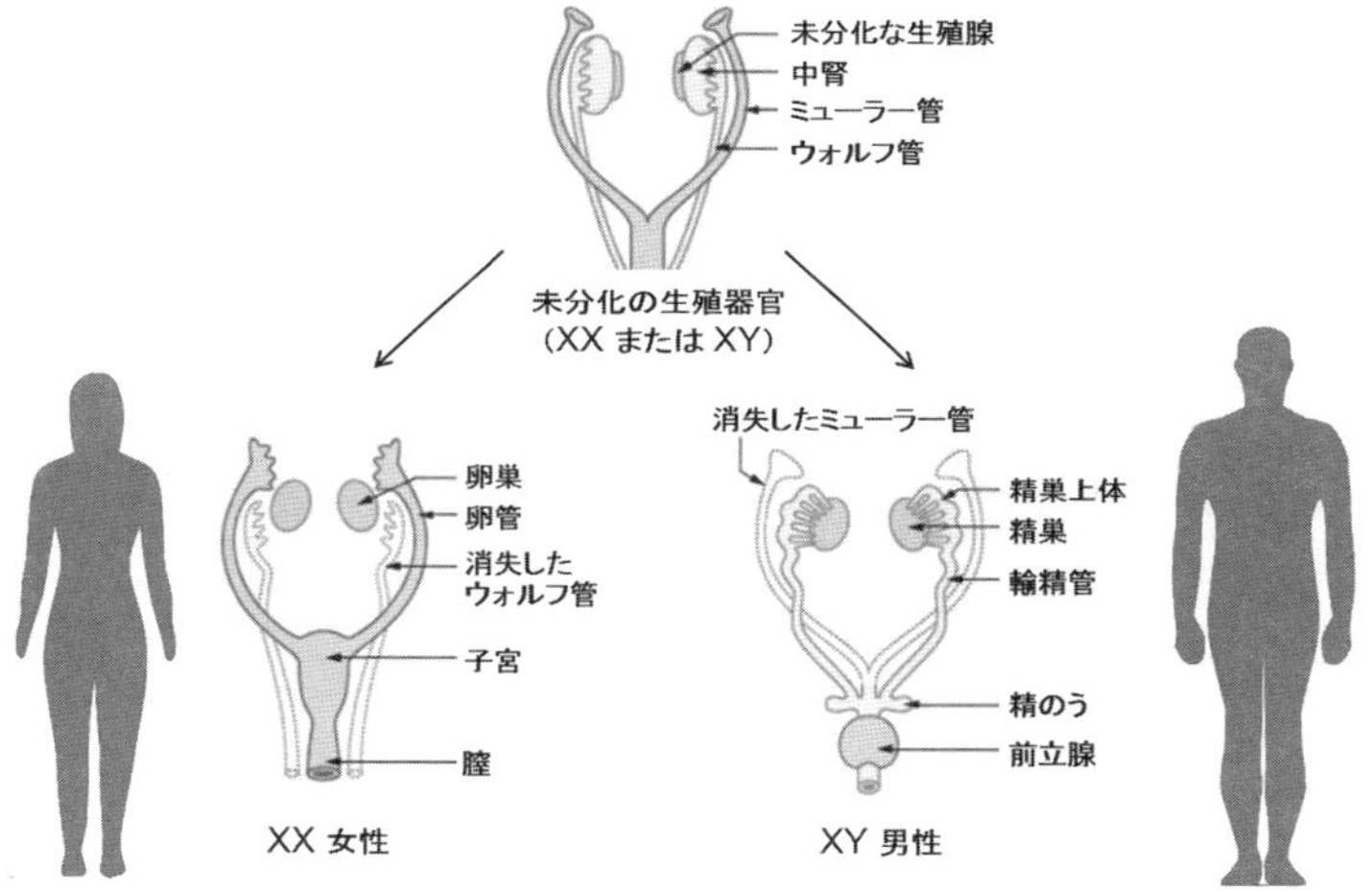

【図34】二次生殖器官の分化の仕組み。

胎児期のごく初期（ヒトの場合、受精から2カ月弱まで）は、生殖腺の原基の様子は雄も雌も変わりありません。原基とは、生物個体の発生過程で、特定の器官に発生するように運命づけられた胚の領域のことをいいます。したがって、性腺になることは決まっているが、この時期には、雌になるか雄になるか（卵巣と精巣のどちらになるか）はまだ区別はつかないことになります。

SRYがスイッチとなってデフォルトのプログラムを変更し、生殖腺が精巣になるように方向付けがなされます。【図34】に示すように、将来、精巣と卵巣以外の生殖器官に分化する未分化な二次生殖器官は、ミューラー管（メスの原基）とウォルフ管（雄の原基）という2種類の原基で構成されています。

Y染色体を持つ男性の胎児では、SRYの働きによって形成された精巣が男性ホルモンを分泌し、体全体を駆け巡ることになります。いわゆる胎児の体が男性ホルモンのシャワーを浴びることによって、体の各部の雄化がうながされることになります。そのため、雌の二次的な生殖器官である子宮や輸卵管、膣などを作りだす原基となるミューラー管が消失します。そして雄の生殖器官の原基となるウォルフ管を発達させ、輸精管や精のう、前立腺、陰のう、陰茎といった生殖器官を発達させていきます。逆に、卵巣を持つXX型女性では、ウォルフ管が退化し、ミューラー管由来の子宮や膣などの生殖器官が形成される仕組みになっているのです。

したがって、男性ホルモンが全身を駆け巡って男性化が引き起こされるヒトやその他の哺乳類では、男性と女性、あるいは雄と雌がモザイクとなったジナンドロモルフ（雌雄モザイク：古代ギリシャ語で"gyn"は雌を意味し"andro"は雄を意味する）は基本的には起こりえないことになります（153ページ【図35】）。このように、哺乳類ではホモ型の性染色体を持つ雌が自然の性であり、精巣を除けば、雄は男性ホルモン「テストステロン」に誘導された性にすぎないといえます。くり返しになりますが、ヒトの女性は男性のデフォルトであり、男性は女性をカスタマイズしたものということができます。逆に、雌へテロ型（ZW型）の性決定様式を持つ鳥類では、ZZ型の雄が自然の性であり、雌は女性ホルモン「エストラジオール17β」に誘導された性であるということになります。

動物が持つ多様な性決定遺伝子

ヒトのSRY遺伝子の発見は、生命科学研究に大きなインパクトを与える画期的なものでした。

その後、この遺伝子は哺乳類全体を通して保存されていて、広く哺乳類の性を決める遺伝子であることもわかりました。しかし、原始的な哺乳類である単孔類（カモノハシやハリモグラの仲間。哺乳類であるにもかかわらず卵を産んで繁殖する）はこの遺伝子を持っていません。そして、魚類、両生類、爬虫類、鳥類にもこの遺伝子は存在しませんでした。したがって、この遺伝子は、哺乳類が分岐した後、胎盤を持つ哺乳類が誕生した頃に新しく生まれた比較的新しい性決定遺伝子であることがわかります。

SRY 遺伝子の発見以降、久しく脊椎動物の性決定遺伝子の報告はありませんでした。しかし2002年、基礎生物学研究所の長濱嘉孝博士（現愛媛大学）と松田勝博士（現宇都宮大学）、新潟大学の酒泉《さかいずみ》満、濱口哲《さとし》両博士らの共同研究グループによって、ついに脊椎動物の第二の性決定遺伝子として、ニホンメダカの性決定遺伝子 *DMY* が発見されました。

さらに2008年には、脊椎動物の第3の性決定遺伝子として、両生類のアフリカツメガエルの *DM-W* 遺伝子が北里大学の伊藤道彦博士らによって発見されました。そして、この遺伝子は脊椎動物で見つけられた世界初の卵巣決定遺伝子でもありました。

メダカの *DMY* 遺伝子とアフリカツメガエルの *DM-W* 遺伝子は、*SRY* 遺伝子とはまったく異なる遺伝子が起源となっていることがわかっています。これらの遺伝子は、*DMRT1* という精巣形成にかかわる遺伝子が重複してできた遺伝子が新たな機能を獲得したものです。ヒトの場合、*DMRT1* は9番染色体上にあって性決定遺伝子ではないのですが、男性化つまり精巣の発生には重要な働きを持っており、二つの遺伝子の一方が欠損すると、性分化異常が起こり、生殖器、外性器などが女性化します。*DMRT1* という遺伝子は、ショウジョウバエの性決定遺伝子（*doublesex*）や線虫の性決定遺伝子（*mab-3*）という遺伝子と共通の起源を持つ遺伝子です。

このDMRT1遺伝子が遺伝子の重複という現象によってもう一つコピーされ、新たに生じた遺伝子のコピーが、精巣分化のマスター遺伝子としての機能を獲得したものが*DMY*であると考えられています。逆に、精巣化を引き起こす*DMRT1*遺伝子の働きを抑えて未分化生殖腺を卵巣化に導く機能を獲得したものが*DM-W*であると考えられています。ショウジョウバエや線虫、そしてメダカやカエルが同じ起源を持つ遺伝子によって性が決められているなんてとても不思議な気がします。

その後、２０１２年には、トラフグの*Amhr2*遺伝子、ルソンメダカの*Gsdf1*遺伝子、ニジマスの*sdY*遺伝子、パタゴニアペヘレイの*amhy*遺伝子など、新たな性決定遺伝子が次々と発見されました。驚くべきことは、同じ魚類であっても、性を決める遺伝子は種によって大きく異なり、多種多様である点です。そして、同じメダカの仲間でも、ニホンメダカが持つ*DMY*遺伝子はごく近縁な種だけにしか保存されていません。したがって、同じメダカであってもフィリピンに生息するルソンメダカは異なる性決定遺伝子を独自に獲得したことになります。また、同様に、*DM-W*遺伝子もアフリカツメガエルに近縁な仲間だけにしか保存されていません。このように、性決定遺伝子は驚くほどの多様性を持っているのです。

鳥類の性決定様式

それでは、*ZZ/ZW* 型の性決定様式を持つ鳥類では、どのように性が決められるのでしょうか？　残念ながら、その仕組みはまだ完全には解明されていません。しかし、ここでも *DMRT1* が登場します。

鳥類では、Z染色体上の *DMRT1* 遺伝子が、遺伝子量依存的に精巣化を引き起こすマスター遺伝子といわれています。この遺伝子はヒトでは9番染色体、マウスでは19番染色体に存在しますので、鳥類のZ染色体と哺乳類のX染色体との間には相同性がないことがおわかりいただけると思います。ZZ型の雄はこの遺伝子を二つ持ち、ZW型の雌は一つしか持たないため、この遺伝子の量的な違いが精巣への分化をもたらすと考えられています。そのため、ZZ型のニワトリの胚の生殖腺でこの遺伝子の働きを阻害してやると生殖腺は卵巣化し、逆にZW型胚の生殖腺でこの遺伝子を過剰に発現させてやると精巣化が起こります。

先ほども述べたように、ヒトでは *DMRT1* 遺伝子は性染色体ではなく常染色体に存在しますが、一方の染色体でこの遺伝子が欠けた場合は、二つある遺伝子が一つになることによって女性化が引き起こされます。この結果は、この遺伝子が性染色体にあるか否かではなく、二つセットで持つことが精巣の形成や男性の二次性徴に必要であることを示しています。

しかし、卵巣への分化については、*DMRT1* の発現量の違いだけでは説明できず、W染色体の関与を考えなければなりません。すでに述べたように、Z染色体を2本、W染色体を1本持つZZW型の三倍体のニワトリの性腺では、精巣様組織と卵巣様組織が混在することから、卵巣の分化にはW染色体が必要であることがわかります。しかし、卵巣化を決めるW染色体の遺伝子については、これまでにいくつかの候補遺伝子が見つかり、それらの機能が調べられましたが、いまだ決着はついていません。

鳥類の場合、哺乳類のように発生工学的な方法を用いて遺伝子導入個体を作製する技術はまだ十分に開発されていません。そのため、目的の遺伝子を個体に導入して新たな機能を持たせる、あるいは遺伝子を破壊してその遺伝子の機能を知るような実験がまだうまくできないため、性決定機構の研究が遅れている一つの要因になっています。

以上、述べたように脊椎動物には多種多様な性決定遺伝子が存在しますが、興味深いことに、いったん精巣になるか、あるいは卵巣になるかの運命が決まれば、精巣や卵巣のその後の発達に働く遺伝子群は、魚類から哺乳類に至るまでほとんど同じものが使われており、それらの機能もあまり変わりません。

脊椎動物は、進化の過程であの手この手を使って雄と雌を決める手段を獲得してきましたが、いったん性が決まってしまえば、精巣や卵巣を発達させ機能させる仕組みは長い進化の過程を経てもほとんど変化していないことになります。つまり、生物が性を決める戦略は多種多様で「何でもあり」の世界ですが、その一方で、雄と雌の機能を確立する（精巣と卵巣や生殖器官を発達させる）手段は極めて保守的であるといえるのです。このように、性決定様式の進化には、革新的な側面と保守的な側面が共存しています。

現在の鳥類と哺乳類が、このように性染色体構成が異なる性決定様式を持つに至ったことは注目に値します。鳥類・爬虫類の祖先と哺乳類の祖先は約3億2000万年くらい前の石炭紀後期に、小さな爬虫類に似た共通祖先から分岐したと考えられています。鳥類と同じ双弓類《そうきゆうるい》に属する爬虫類（ヘビ・トカゲ類、カメ類、ワニ類）でも、XY型とZW型の遺伝的な性決定以外に、環境による温度依存的な性決定や単為発生など、多種多様な性決定様式と繁殖様式が混在していることは、それぞれの動物群が独自の性決定様式を選択し、種の保存の手段として用いてきたことを示しています。それでは、哺乳類、鳥類、爬虫類の共通祖先は、いったいどのような性決定機構を持っていたのでしょうか？　謎は深まるばかりです。

昆虫で見いだされた新たな性決定様式

さらに、昆虫で新たな性決定遺伝子が日本の研究グループによって発見されたことが、2014年5月の「Nature」誌に報告されました。長年にわたり謎であったカイコの性決定遺伝子が東京大学の勝間進博士らによってついに発見されたのです。日本におけるカイコの遺伝学研究には長い歴史があり、カイコの雄がZZ型、雌がZW型の性染色体を持ちW染色体が雌を決めることはすでに1933年に明らかにされていました。それから80年もの歳月を経て、ついにその遺伝子が発見されたことになります。

その正体は、これまでの常識を覆す驚くべきものでした。その遺伝子はタンパク質を作るのではなく、piRNAと呼ばれるたった29塩基の小さなRNA分子を作り出すものでした。この分子は、カイコの性が決まる胚発生期に雌だけで作られ、この分子の働きを阻害してやると、雌に分化するときに必要なタンパク質の産生が抑えられることから、このpiRNAが雌を決める因子であることが判明しました。

したがって、カイコの場合も、先ほどお話ししたアフリカツメガエルの性決定機構と同じように、雄化に働く遺伝子の働きを抑えることによって雌化が誘導されるというシナリオです。そして、雄化を抑えて雌化を促すこれらの卵巣決定遺伝子がともにW染色体にあることも共通しています。

さらに、同じくZZ/ZW型の性染色体構成を持つ鳥類と同様に、カイコの初期胚でもZ染色体の遺伝子量の補償が働いており、それが性決定にもかかわっていることがわかっています。性染色体における遺伝子量の補償については、この後、第9章の「X染色体不活性化の巧妙なしくみ」に関する項で、改めて詳しくご紹介します。

なぜヒトに雌雄同体はいないのか

男性の読者の多くは、きっと子供の頃に昆虫採集に夢中になった時期があったと思います。わたしの子供の頃は、虫派とプラモデル派という分類がありました（ラジオ派というのも少数いたようです）。虫派の少年にとって、虫のチャンピオンは今も変わらずカブトムシとクワガタムシでしょう（当時はカミキリムシもたくさん捕れました）。わたしが小学生のころは、夏休みにおこなわれるラジオ体操に出かける前や終わった後に、いつも近くにあったお城の雑木林に入り、カブトムシやクワガタムシが集まりやすいクヌギやコナラの木などをチェックしてから家に帰ったものです。クワガタムシを見つけた時のあの興奮とドキドキ感は今でも鮮明に憶えています。

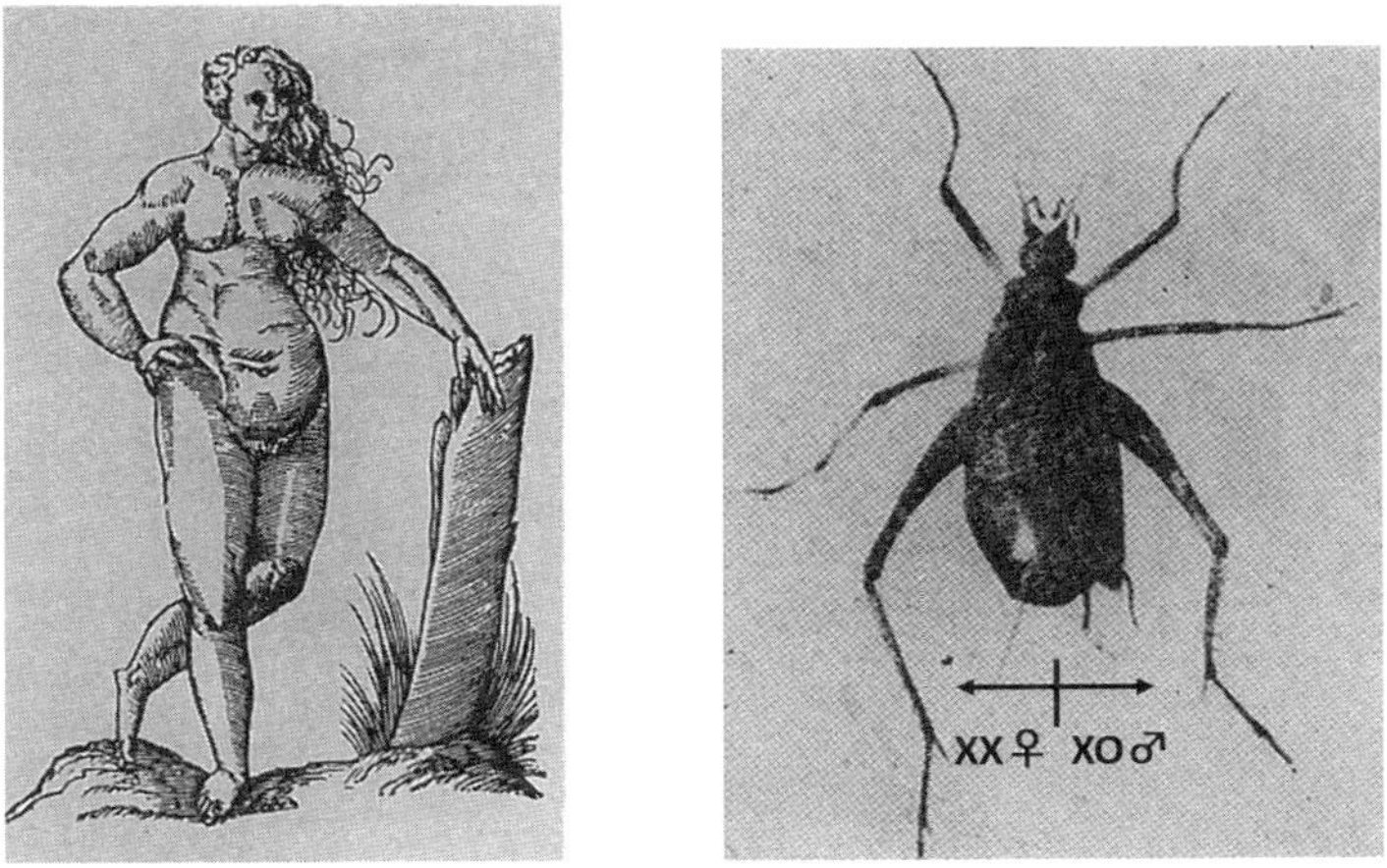

【図35】ローマ時代に描かれたジナンドロモルフの想像図（左）とスズムシのXX/XOジナンドロモルフ（右）〈大野、1994〉『21世紀への遺伝学 細胞遺伝学』佐々木本道編（裳華房）1994年より（p116, 図3.2）。

たくさんのクワガタムシを集めていると、ごくまれにですが体半分が雄で残りの半分が雌の形をした奇妙な個体が見つかることがあります（残念ながら、わたしはついにそのような虫に出会うことはありませんでしたが）。それが雌雄モザイクです。

昆虫も性を決める性染色体をもちますが、昆虫の性決定機構はヒトを含む脊椎動物が持つそれらとは大きな違いがあります。脊椎動物の場合、ホルモンが全身をかけめぐることによって全身が一つの性の特徴を表すのに対し、昆虫では細胞自身が性を持っています。したがって、【図35左】に示したように、神話に出てくるような半身が女性で半身が男性という、いわゆるジナンドロモルフはヒトでは存在しません。なぜならば、ヒトには性腺以外の体細胞には性がない、男性化は、精巣に含まれるライディヒ細胞という細胞が産生する男性ホルモンによって誘導されるからです。つまり、男性ホルモンが全身の細胞に働きかけ、生殖器官を含め体全体の男性化をうながしているのです。一方、昆虫では、半身雌で半身雄の雌雄モザイク個体を実験的に作りだすことが可能です。そして、まれではありますが自然界でも雌雄モザイク個体が見られます。これはいったいどういうことなのでしょうか?

多くの昆虫はXX/XO型の性決定様式をもち、常染色体に対するX染色体の数の比率で性が決まることは、第3章で詳しくお話ししました。つまり、X染色体が2本あれば雌、1本しかなければ雄となります。X染色体を2本持つ雌型の受精卵が分裂するときに一方のX染色体が欠けて雄型の細胞(XO型細胞)が生じ、その後それぞれの細胞が増えて体を形づくると、半身がXX型細胞からなる雌、もう一方の半身がXO型細胞からなる雄のジナンドロモルフができることになります。雌雄の形態がきれいに真っ二つに分かれるのは見事というほかありません(【図35右】)。このように、昆虫では細胞自身が性を持っていて、XX細胞が雌の性を、XO細胞は雄の性を発現することになります。ジナンドロモルフの個体の形態は見た目にも非常に奇妙かつ魅力的な特徴があり、クワガタムシなどではジナンドロモルフの個体は高値で売買されるそうです。

一方、マウスで初期胚のXX細胞とXY細胞を混ぜてXX/XYのキメラマウスを作製すると、これらの個体は、昆虫のように雌雄が混じったモザイク構造はつくらず、多くは正常な雌または雄として育ちます。キメラの場合、二種類の細胞は異なる起源を持つので、その点はモザイクとは異なります。繰り返しますが、哺乳類では体細胞に性はなく、性腺の支配下で性的二型が決まっています。

鳥には雌雄同体が出現する

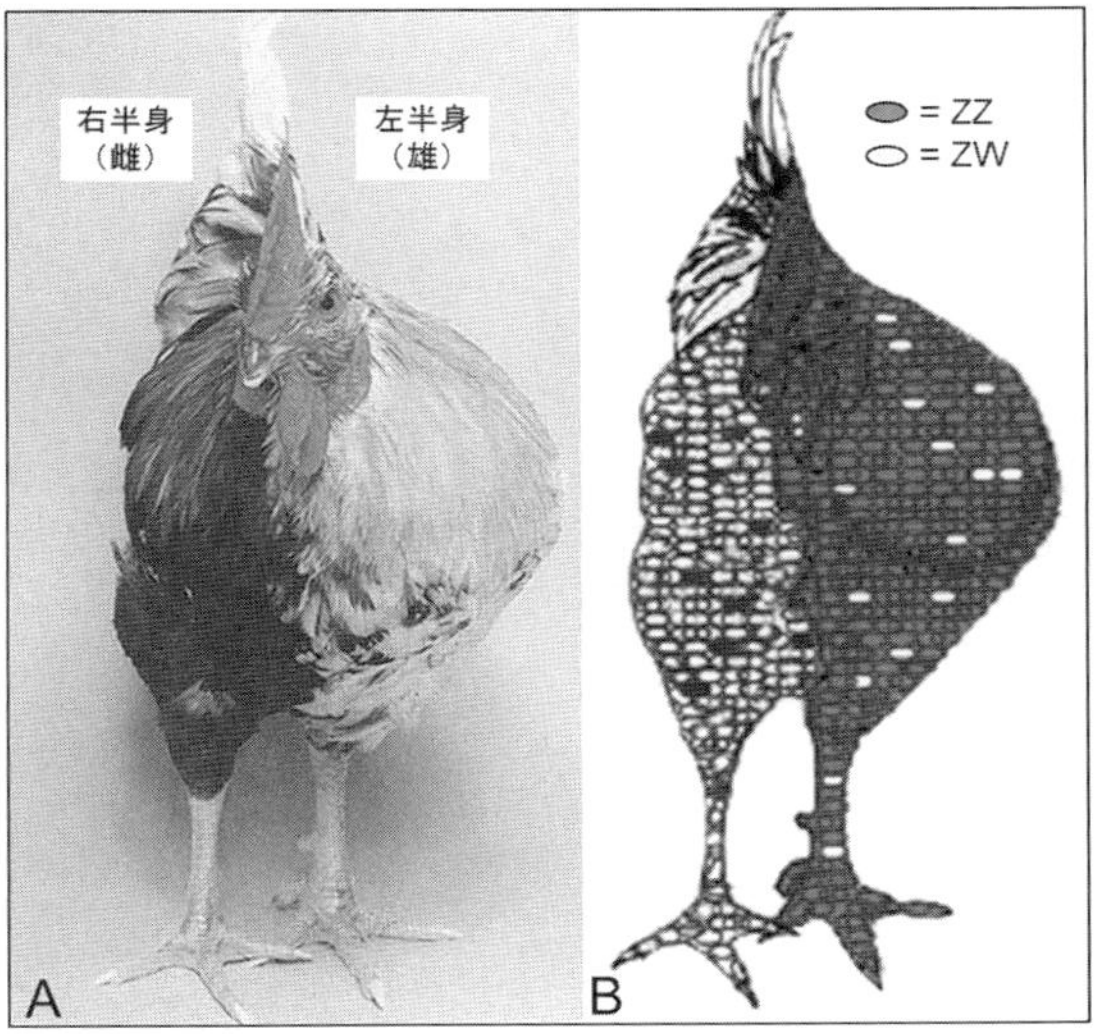

【図36】ニワトリのジナンドロモルフ。Clinton. et al., *Chromosome. Res.* 20, 2012（p178）より図を改変。

ところが不思議なことに、鳥類では昔からジナンドロモルフの例が報告されています（【図36】）。そして、２００９年には、英国のロスリン研究所とエジンバラ大学の研究者グループが、鳥類も昆虫のように細胞自身が性を持っていることを明らかにしました。

鳥類では、哺乳類とは逆にヘテロ型（ZW型）の性染色体を持つものが雌、ホモ型（ZZ型）が雄となります。鳥類の性決定遺伝子や性決定の分子メカニズムについてはまだ不明な点が多いのですが、Z染色体の遺伝子量に依存した、つまり遺伝子が二つあれば精巣化をうながす精巣決定因子と、W染色体上の卵巣決定因子の二つがかかわっていることは、本章ですでに述べました。鳥類の場合は、卵巣以外の雌の特徴は女性ホルモンによって誘導されたものですから、ZZ/ZW モザイクはジナンドロモルフにはならないはずです。

しかし、【図36】に示したジナンドロモルフのニワトリでは、左半身が、肉髯（ニクゼン）、鶏冠（トサカ）、蹴爪（ケヅメ）、そして胸筋や脚が発達した、典型的な雄型の外部形態を示すのに対し、右半身はそれらが発達せず雌の特徴を示しています。両半身を構成する細胞の性染色体構成を調べたところ、半身雄の部分と半身雌の部分が、それぞれ主にZZ型とZW型の性染色体を持つ細胞によって構成されるZZ/ZW モザイクであることがわかりました。この結果は、全身が同じホルモン環境下にあるにもかかわらず、細胞がホルモンに依存しない自律的な性の主体性（CASI：Cell autonomous sex identity）を持ち、性の二型性の成立に重要な役割を果たしていることを示しています。

これらの個体を解剖したところ、二つの性腺のうち、精巣様の性腺はZZ細胞で、卵巣様の性腺はZW細胞で構成されていました。また別個体で観察された、卵巣と精巣が混じったような特徴を持つ卵精巣では、ZZ細胞とZW細胞が混在していました。この結果は、哺乳類にみられるような性腺から分泌されるホルモンによって表現型が決定される性分化の様式がかならずしも鳥類には当てはまらず、表現型がそれぞれの組織を構成する細胞の性に依存していることを示しています。

次に、この研究グループは、ニワトリの自律的な性の主体性を証明するために、卵を孵卵器に入れて2日後のニワトリ胚の雌の生殖腺原基（ZW細胞）を雄（ZZ）胚の生殖腺原基に、逆に雄の生殖腺原基（ZZ細胞）を雌（ZW）胚の生殖腺原基にそれぞれ移植し、生殖腺でZW細胞とZZ細胞が混じり合った雌雄間キメラを作製しました。そうすると、ZW細胞を雄生殖腺に移植した場合、精巣内のZW細胞は雄型の生殖細胞にはならず、ZW細胞で構成される組織は卵巣に似た構造を持っていました。

一方、雌の生殖腺に移植されたZZ細胞は、卵巣の組織を作らず精巣に似た組織を作りました。この結果は、異なる性の生殖腺に移植された細胞は、移植を受けた側の生殖腺が持つ性質に変化することはなく、細胞が持つ本来の性を維持していることを示しています。このように鳥類においては、CASIが生殖腺の分化を直接引き起こすかどうかは不明ですが、体の組織の雌雄の特徴を決める役割を担っていることは間違いなく、性の分化において性腺ホルモンと同様に大きな働きを持っていることがわかりました。

有袋類の細胞に残る性の記憶

実は、哺乳類でもCASIが存在する例が見つかっています。ワラビーやカンガルー、コアラなどの有袋類（胎盤が未発達であるため、子宮内で胎児を十分な大きさまで育てることができず、未熟な子供を育児嚢で育てる動物）もY染色体の働きによって精巣が作られ、精巣から分泌される男性ホルモンの働きで精管やペニスなどの雄型生殖器官が形成されます。ところが一つだけ例外があります。それは袋です。有袋類の胎児には腹部にふくらみができ、雌の場合は、未成熟な状態で出産された子供を育てるための育児嚢となります。一方、雄ではその袋は陰嚢となり、そこに精巣が収納されます。

しかし、陰嚢の形成にはY染色体は関係なく、X染色体の数に依存しています。すなわち乳腺・育児嚢はXを2本持つ細胞から形成され、陰嚢はXを1本しか持たない細胞から形成されるわけです。したがって、性染色体の数的異常であるXXY個体は、Y染色体を持つため精巣ができ雄型の体となりますが、陰嚢はなく精巣は腹の中に留まり、乳腺が発達し育児嚢が作られます。

他方、XO個体は雌型の内部生殖器官を形成しますが、空の陰嚢を持ちます。このように有袋類では、ヒトと同様にY染色体が精巣やペニスの形成を支配しながらも、細胞はちゃんとX染色体の数を記憶していて、細胞自身が性の分化にかかわっていることになります。

鳥類や哺乳類にも見られる、細胞自身が自分の性を記憶しているという不思議な現象は、ゲノムに刻まれた長い進化の記憶の一つといえるかもしれません。

第7章　性染色体の進化過程

ヒトが持つY染色体はどのようにして生まれ、そして、現在の姿に変化してきたのでしょうか？　本章では、ヒトのY染色体の構造とその進化過程について説明します。進化の歴史はY染色体の塩基配列と遺伝子にちゃんと刻まれています。

【図37】「Ohno の法則」で知られる世界的な進化生物学者だった大野乾（1928-2000）。THE NATIONAL ACADEMIES PRESS より。

Y染色体はどのようにして生まれたのか

世界的な進化生物学者である故・大野乾《すすむ》博士（【図37】）は、著書『性染色体と性連鎖遺伝子』（１９６７年）のなかで、性染色体の起源とその進化過程について論じています。大野博士は、性染色体はもともと常染色体に由来し、一方の染色体が退化あるいは矮小化して異型の性

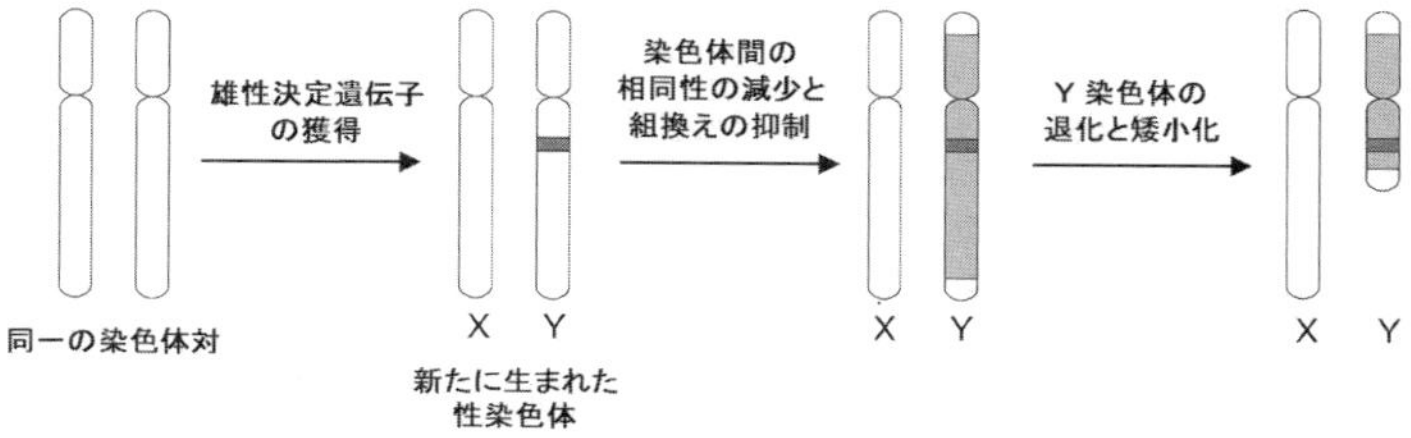

【図38】性染色体の形成とＹ染色体の分化過程。相同な染色体の一方に、性に特異的な機能を持った遺伝子が出現し、その染色体が一方的に退化してその構造を大きく変えることによって、異なる機能を持つ性染色体のペアが生まれたことを示す。Tamarin, R., *Principles of Genetics*, McGraw Hill, 2004より図を改変（p89）。

染色体に分化したと考えました。今では、哺乳類や鳥類の性染色体の進化学的研究が進み、この仮説が正しいことが証明されています。

哺乳類のY染色体を例に挙げると、Y染色体とX染色体はもともと一対の常染色体対に由来し、一方の染色体が性決定遺伝子を獲得したことによって雄に特異的な性染色体に変化していったことがわかっています。まだ雌雄が決まっていない時期の胎児の未分化生殖腺を精巣にする性決定遺伝子が出現したことによってY染色体が誕生し、はじめて相同な染色体間に違いが生まれました。そして、Y染色体に逆位などの染色体の構造変化が繰り返し起こり、性決定遺伝子の領域から、X・Y染色体間の構造的な違いがしだいに広がっていったと考えられています（【図38】）。

それでは、いったいなぜY染色体は一方的に退化の道を歩んでいったのでしょうか？　その理由は、第1章でも少し説明したように、Y染色体はX染色体とは異なり、相方《あいかた》のいない一人ぼっちの染色体であることが原因なのです。

X染色体を2本持つ女性では、減数分裂のときにペアとなるX染色体間で染色体の組換えを起こすことができます。すなわち、突然変異によってX染色体が傷つき遺伝子が壊れても、もう一方に正常な遺伝子コピーがあるため、遺伝子組換えによって異常なものを正常なものに置き換えてもとの染色体に戻ることができるのです。

ところが、Y染色体には相方がいません。細胞分裂ごとにDNA配列が何千回も何万回もコピーを作り続けている間に複製の間違いが起きたり、あるいはDNAに障害を与える何らかの外的な要因（主に放射線、紫外線、様々な化学物質、活性酸素など）によってDNAが傷ついて遺伝子に異常（突然変異）が起きたら最後、身の安全を保障するスペアがないため、その傷を除去する手立てがありません。そのため、遺伝子の故障はそのまま精子を介して次の世代に伝えられてしまうのです。

そうすると、傷つき機能を失った遺伝子は無用の欠陥遺伝子としてY染色体からしだいに失われていくことになります。その結果、Y染色体は死んだ遺伝子を排除するたびにどんどん削り取られていき、遺伝子をほとんど持たない染色体になっていきました。

しかし、ごく一部の遺伝子は、異なる機能を獲得することによって、新たな遺伝子として生き延びていったと考えられます。性決定遺伝子の*SRY*も、もともとはX染色体にあった*SOX3*という遺伝子に突然変異が起こり、性を決める遺伝子に変化して真獣類（妊娠中に胎児を胎盤を通して懐胎時まで完全に成長させることができる動物）のY染色体上で生き残ってきたことはすでに述べ

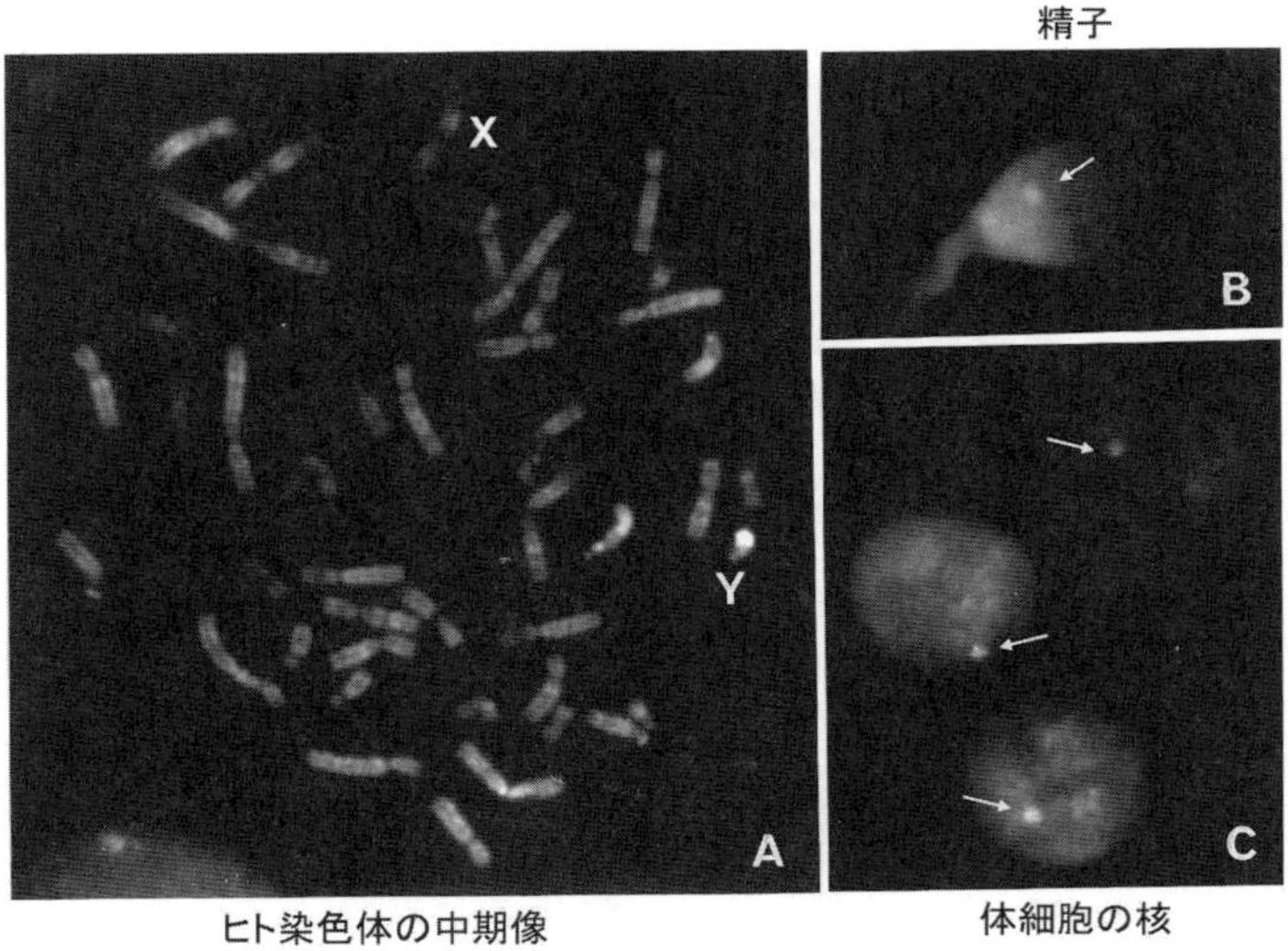

【図39】 ヒトの染色体、精子、細胞核のキナクリンマスタード染色像。

ました。

それでは、Y染色体はただ削り取られるだけでどんどん小さくなって消えてゆくだけなのでしょうか。実はそうではありません。多くの哺乳類では、遺伝子を含む領域が削り取られていくと同時に、今度はなくてもいいジャンクDNAと呼ばれる遺伝子を含まないガラクタの文字配列が何万回、何十万回と増幅してY染色体を大きくしていきました。

この配列は遺伝子の情報を持たず機能していないため、染色体領域はほどけることなくいつも凝縮しています。ヒトの染色体をキナクリンマスタードという蛍光色素で染色すると、この配列を多く含むヒトY染色体の部分は強く蛍光を発し、高度に凝縮した構造をとっていることを示しています（【図39A】）。また、細胞分

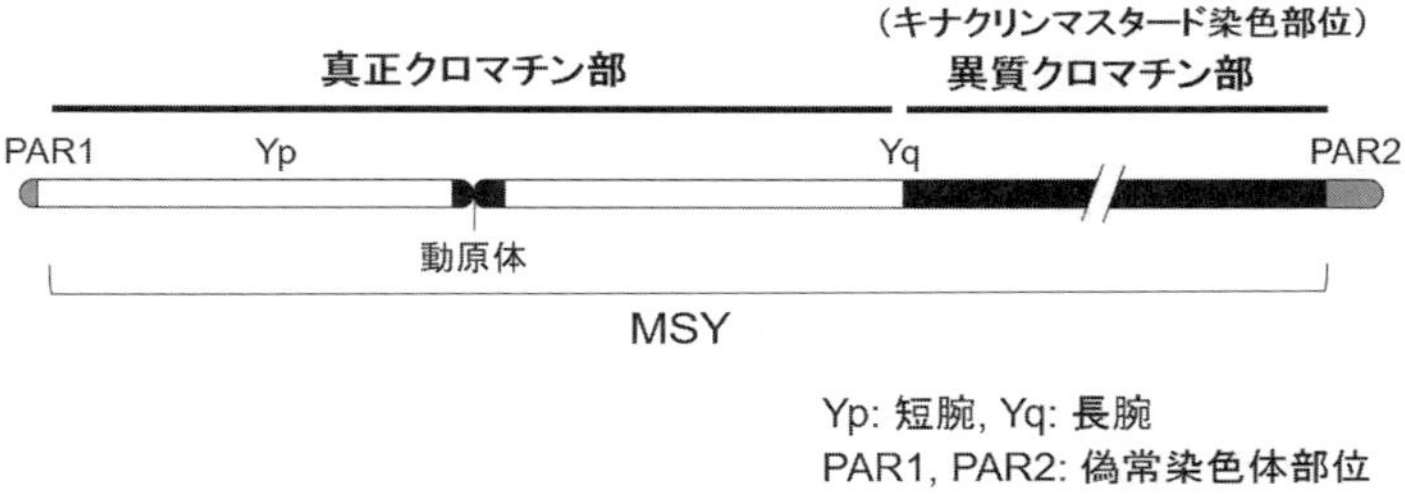

【図40】ヒトのＹ染色体の構造。「日本生殖内分泌学会誌」Vol. 9, 5-10 (2004) より図を改変。

裂期ではない精子や間期の細胞核でもＹ染色体が凝縮し強く光っています（【図39Ｂ、Ｃ】）。

Ｙ染色体の構造

２００３年４月、約30億塩基対からなるヒトゲノム配列の解読が終了したことはすでに述べました。その発表から２カ月後、一番の苦戦を強いられていたＹ染色体の詳細なゲノム配列が報告されました。その結果、ヒトのＹ染色体は５０００〜６０００万の塩基対で構成されていることがわかったのです。

どうして数値にこんなに大きなばらつきがあるのかと思われるかもしれませんが、Ｙ染色体は遺伝情報を持たない単純な繰り返し配列をたくさん含むため、それらの配列をすべて解読して正確な値を出すのが難しいのです。また、繰り返し配列の量が個体によって異なることもその原因です。

ここで、Ｙ染色体を解剖してみましょう。Ｘ染色体と構造が異なる部分、つまりＸ・Ｙ染色体間で性差がみられる男性特異的領域（ＭＳＹ）は、Ｙ染色体の95％を占めています（【図40】）。この領域はＸ染色体との間に相同性がなく、Ｘ・Ｙ染色体間で組換えが起こらないことから、以前は「非組み換え領域」と呼ばれていました。Y染色体にはX染色体との共通部分がほとんど存在しないことになります。

この男性特異的領域は、遺伝子が存在している真正クロマチン(注6)（ユークロマチン）領域と、遺伝子がなく単純な繰り返し配列で構成される異質クロマチン（ヘテロクロマチン）領域に分かれます。そして、真正クロマチン領域には、タンパク質の情報を持つ遺伝子が78個あり、実際に機能がある遺伝子は少なくとも27個見つかっています。

Y染色体の95％を占める男性特異的な領域以外の共通領域は偽常染色体部位《ぎじょう》（PAR）と呼ばれています。この領域はY染色体の両端にあり、それぞれPAR1とPAR2という名前がついています。第2章でもお話ししましたが、X染色体の短い方の腕（短腕）に存在するPAR1領域は150〜200万程度の塩基対で構成される小さな領域であるにもかかわらず、X・Y染色体間で必ず1回の組み換えが起こることがわかっています。これが、常染色体に似た特徴を持つ染色体部分という意味で「偽常染色体部位」という名前がつきました。X染色体とY染色体はほとんどの領域で相同性がないにもかかわらず、この小さい領域でX染色体とY染色体が対合して組換えが起こることによって、X染色体とY染色体を精子に正しく分配することができます。

回文構造の不思議

Y染色体の遺伝子の大部分は、男性特異的領域の「アンプリコン配列領域」と呼ばれる領域に含まれています。特に精巣で発現している遺伝子が多いことから、精子形成に深くかかわってい

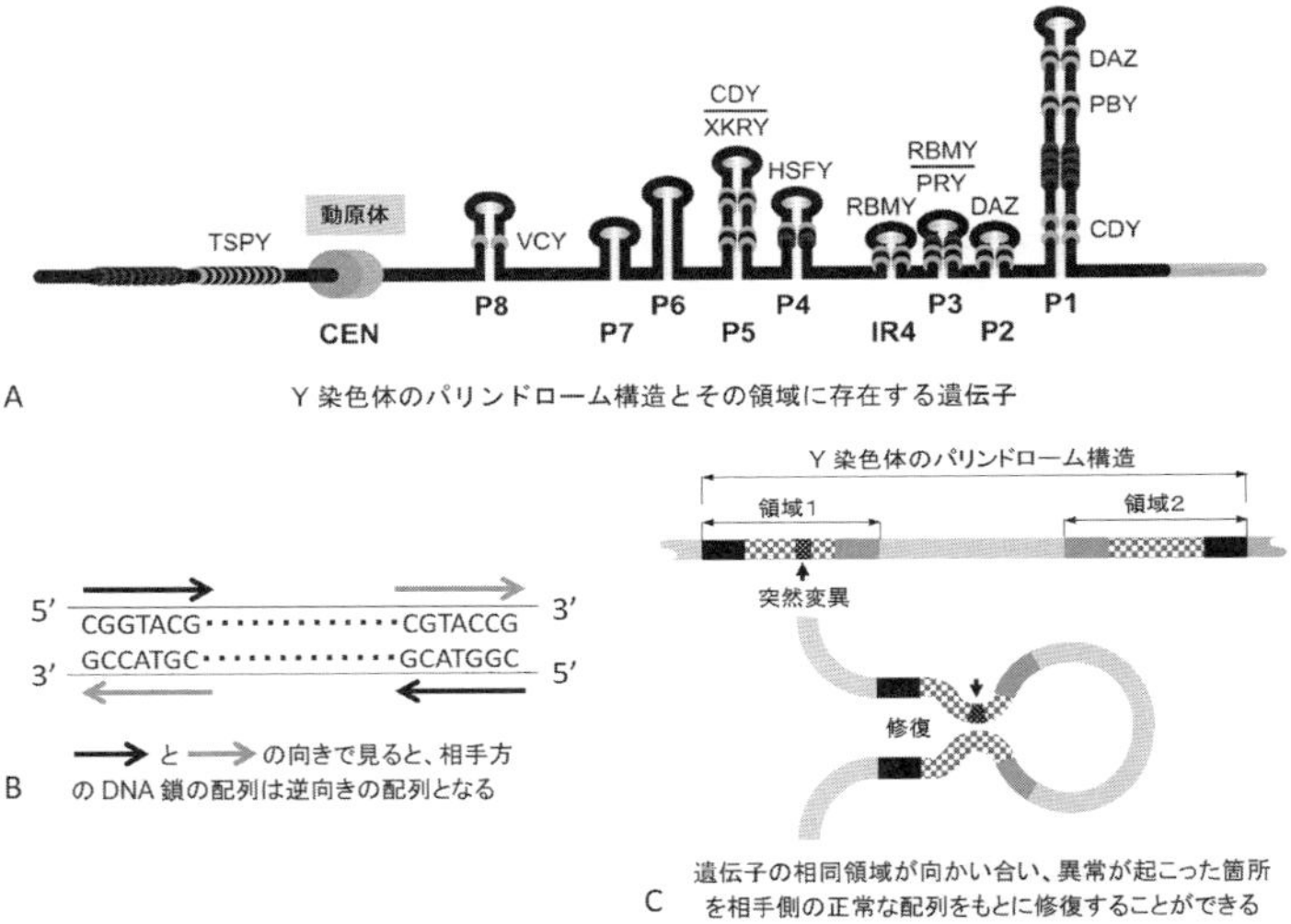

【図41】ヒトY染色体上に存在するパリンドローム構造を持つ遺伝子(A)。パリンドローム構造の原因となるDNA配列(B)と、逆向きの配列が向かい合うことによって形成されるループ構造(C)。Histories of Science from Kele W. Cable より。

る部分です。Y染色体のこの部分が欠けると、無精子・乏精子症などの精子形成障害が高頻度に起こることがわかっています。

この領域にはパリンドローム(回文)と呼ばれる巨大な繰り返し配列が含まれており、Y染色体の真正クロマチン領域全体の約半分を占めています。回文とは、始めから読んでも終わりから読んでも同じ意味になる文のことです。一種の言葉遊びのようなもので、「タケヤブヤケタ」や「ワタシマケマシタワ」、英語では「MADAM, I'M ADAM」などがそうです。

このような回文によく似たDNA構造(【図41A】)は、【図41C】

に示すようなループ構造を作ります。【図41B】で2種類の矢印で示した二つの配列は、もう一方のDNA鎖では逆向きに存在していることが分かります。このような配列があると、その部分はループ構造を作って相同な配列同士が向かい合うことができるため、相方のいないY染色体であってもあたかも常染色体の相同染色体間やX染色体間と同じように、相同なDNA配列間で組換えを起こすことができます。

それでは、いったいこれにはどのような意味があるのでしょうか？　先にも述べたように、X染色体とY染色体が対合できる領域は偽常染色体部位（PAR）だけであり、このPAR領域を除けばY染色体には相方がいないため、Y染色体の傷ついた遺伝子DNAはもとに戻ることなく突然変異としてY染色体に蓄積されていきます。しかし、このパリンドローム構造が存在することによって、Y染色体内であたかも相同染色体と同じように相同なDNA配列が向かい合うことができ、組換えによって遺伝子の傷害をもとに戻すことが可能となるのです。したがって、Y染色体上のパリンドローム構造は、Y染色体を正常に維持し、遺伝子の突然変異による異常遺伝子の発生やその淘汰から逃れるための役割を担っていると考えられています。

しかし、困ったこともあります。このパリンドローム構造は、Y染色体上にたくさん存在し、互いに配列が良く似ています。そしてこの領域では、染色体の内部で頻繁に組換えが起こるため、もし対合する場所がずれ、組み換えの際にDNAが切れてつなぎ換わる部分を間違えたら、遺伝子の一部が重複したり、逆に遺伝子の一部が抜け落ちたり（欠失）する事態が生じてしまいます。

このパリンドローム構造を含む領域に存在する遺伝子は、精巣特異的に発現している遺伝子が多いことは先にも述べましたが、組換えのしかたを間違えれば無精子・乏精子症を引き起こし妊性の低下を招く原因になります。

しかし、実際にY染色体の微小欠失を持つ男性不妊症患者はそれほど多くはなく、全体の5～7％程度であることが報告されています。精子形成にかかわる遺伝子はY染色体以外にもたくさん存在していますから、必ずしも不妊の原因はY染色体だけに集中しているわけではないようです。

Y染色体の構造変化の過程

ヒトを含めた霊長類が持つY染色体は、哺乳類が爬虫類・鳥類の系統と分岐したおよそ3億2000万年前からその構造の変化を繰り返し、X染色体との間に大きな違いが生まれました。その結果、組換えが起こらない領域がしだいに広がっていき、現在ではX染色体とY染色体の間にはわずかな共通部分しか残っていません。正しくは、かつて共通であった名残りとして、X・Y染色体間で共通な遺伝子がまだわずかに残っているといった方がよいかもしれません。したがって、X・Y染色体間で起源を同じくする遺伝子の位置や構造を比較することは、ヒトの性染色体の進化の道筋を明らかにするための有効な手段となります。

マサチューセッツ工科大学のデイビット・ペイジの研究グループは、X染色体とY染色体に共通して存在する19の遺伝子に着目し、X・Y染色体間でそれらの遺伝子の位置と塩基配列を比較しました。

X染色体とY染色体の遺伝子の間に見られる塩基配列の変化には、遺伝子が作り出すタンパク質のアミノ酸に変化をともなわない「同義置換」と、アミノ酸が変化する「非同義置換」という異なるタイプの変異があります。

同義置換は、アミノ酸の情報が変化せず淘汰を受けない中立的な変化であることから、その塩基配列の変化の数はそのまま進化の時間を反映していると考えられます。したがって、進化の時間を測る良い物差しになります。つまり、X・Y染色体間で多くの同義置換を起こしている遺伝子は古い時代に変化が起こり、そして同義置換の数が良く似た遺伝子群は、同じ時期に変化が起きた遺伝子のグループと考えることができるわけです。他方、非同義置換はアミノ酸の変化によって遺伝子が機能的な制約を受けます（タンパク質の構造や機能に変化が生じる）。

このように、アミノ酸情報に変化が起きない、つまり遺伝子の働きを変化させない同義置換率を、X染色体とY染色体に存在する遺伝子で比較すれば、X・Y染色体間で起こった構造の変化の過程やその時期を知ることができます。その結果、地球の進化の歴史が刻まれた地層のように、ヒトのX・Y染色体の変化を年代別に四つの層に分けることができました。【図42】は、領域1から順にX・Y染色体間で組換えの抑制が起こり、それがしだいに領域の4まで広がっていったことを示しています。

そのため、変化が起こった時期がまだ新しい領域3や4には、X染色体と相同な遺伝子がまだ比較的多く残っています。それに対し、X・Y染色体間で最も古く構造の違いが生じた1の領域では、長年にわたる組換えの抑制によってY染色体上の遺伝子に突然変異が蓄積し、多くの遺伝

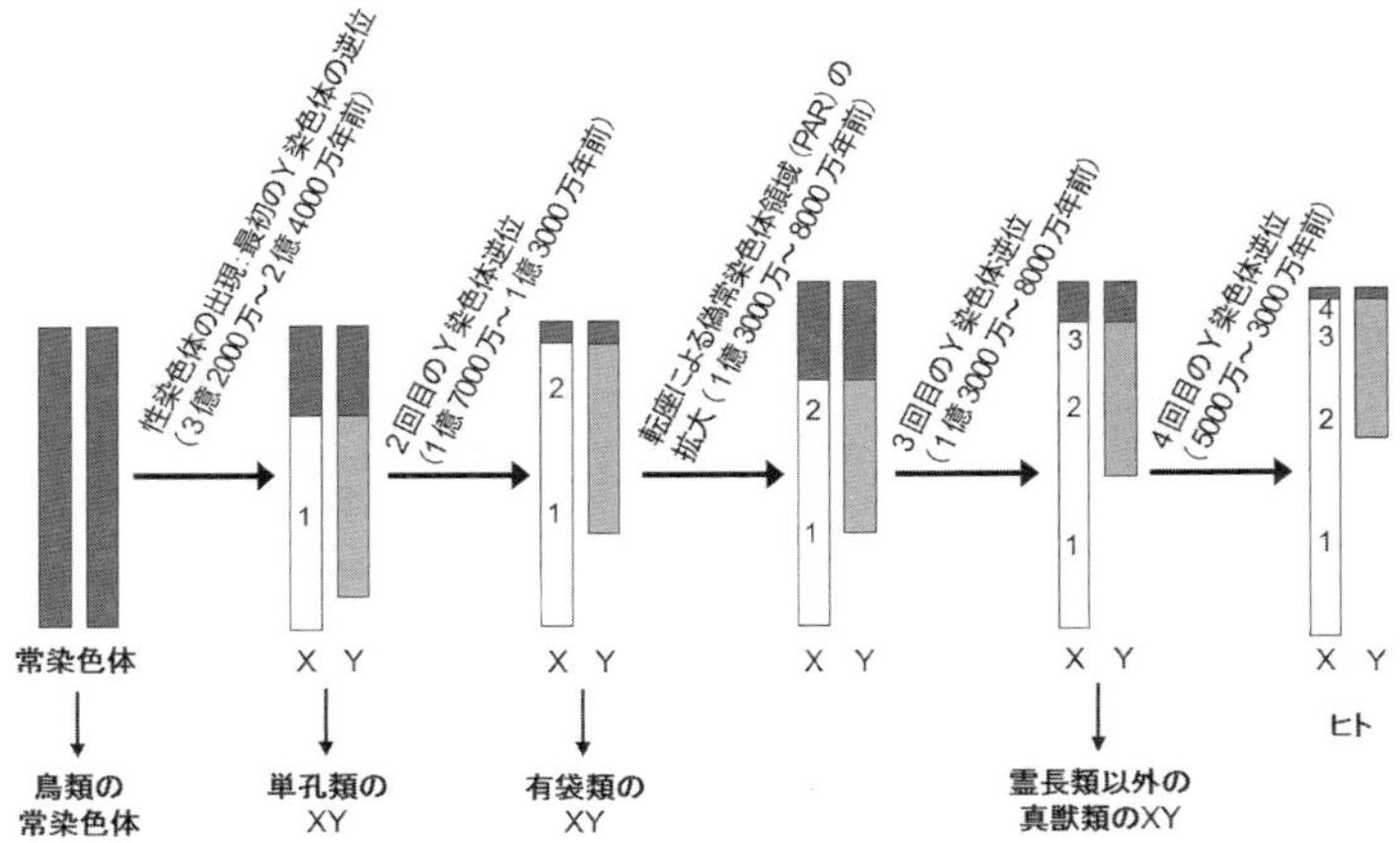

【図42】 ヒトのＹ染色体の構造変化の過程。Ｘ染色体とＹ染色体の間で大きく４段階に分かれて構造変化が起こった領域を、変化が起こった順に１から４の数字でＸ染色体上に表してある。Lahn & Page, *Science* 286, 1999（p966, Fig. 4）より改変。

子は機能を失い死んだ遺伝子として除去されていきました。そのため、この領域のほとんどの遺伝子はＹ染色体から消えてしまいましたが、この淘汰を潜り抜けて生き延びた遺伝子がわずかに残っています。これらの遺伝子は、精巣決定遺伝子である*SRY*や、精子形成にかかわる遺伝子（*RBMY, RPS4Y*）でした。これらの遺伝子は、突然変異によって新たな機能を獲得し、男性にとって必要な遺伝子として生き残ってきたと考えられます。

次に、ペイジらは、それぞれの遺伝子に起こった同義置換と非同義置換の頻度の違いについても調べました。非同義置換が生じると、遺伝子が作りだすタンパク質のアミノ酸に変化が起きてしまうため、許容される変化はわずかなものに限られます。一方、同義置換はいくら起こっても遺伝子の機能に変化を及ぼしませんから、時間と共にその変異が蓄積されていくことになります。

したがって、X染色体とY染色体の遺伝子の間で、非同義置換に対して同義置換が多く起こっているものほど、古くから選択を受けて生き延びてきた遺伝子であることがわかります。その中で最も古い遺伝子は、*SOX3/SRY* 遺伝子です。*SRY* はこれまでに何度も登場した精巣決定遺伝子であり、X染色体上の *SOX3* という遺伝子が変化したものと考えられていることは第1章で述べたとおりです。この結果は、*SOX3* から *SRY* への変化、すなわち精巣決定遺伝子の獲得が哺乳類の性染色体の出発点であったことを見事に示しています。

一方、その比率が低い場合は、機能的な制約はあまり受けないで遺伝子が変化していることになります。したがって、このような遺伝子はすでに壊れて機能を失った遺伝子になっていて、そのほとんどが将来Y染色体から消えていく運命にあると考えられます。これらは、X‐Y染色体間で組換えの抑制が比較的新しく起こった領域3や領域4に数多く存在し、まさしくY染色体がまだ退化し続けている領域であると言えます。

これらの結果にもとづいて、それぞれの領域でX‐Y染色体間の分化が起こった時期を推定してみると、領域1が3億2000万～2億4000万年前、領域2は1億7000万～1億3000万年前、領域3が1億3000万～8000万年前、そして領域4が5000万～3000万年前と推定されています（【図42】）。この結果は、X‐Y染色体の分化が、およそ3億2000万年前（古生代の石炭紀後期）に哺乳類が爬虫類・鳥類の系統と分岐してまもなく始まったことを意味します。また、領域4については、原猿類と真猿類が分岐した5000万年前以降に分化が始まったと考えられています。[注7]

Y染色体の爆発的な進化

Y染色体はパリンドローム構造（165ページ）を多く含み、また繰り返し配列が大量に存在するため、DNA配列を正しくつなぎあわせて読み取ることはとても大変です。そのため、Y染色体の詳細なゲノム配列の情報はかつてはヒトしかなく、他の動物のY染色体と比較することができませんでした。したがって、Y染色体の構造とDNA配列がどれくらいの速さで、そしてどれくらい変化するのかはよくわかっていませんでした。しかし、ヒトのY染色体のゲノム配列が2003年に決められた後、ようやく2006年1月にチンパンジーのY染色体のゲノムDNA配列が報告されました。それらを比較したところ、Y染色体の構造が両者の間で爆発的に変化していることがわかったのです。

ヒトとチンパンジーの祖先が進化的に分かれたのは、せいぜい600万～700万年前。そのため両者のDNA配列はせいぜい1・2%くらいの違いしかありません。そして遺伝子の数の差は1%以下であるため、ヒトとチンパンジーはほぼすべて同じ遺伝子を持っていることになります。それくらいヒトとチンパンジーのゲノムはよく似ているのです。したがって、逆にこの小さな違いを明らかにすれば、ヒトとチンパンジーの違い、そしてヒトがヒトたる所以がわかることになります。これがゲノム研究の大きな意義の一つといえます。

ところが、これほどヒトとチンパンジーのゲノムはよく似ているのに、どういうわけかY染色体だけはそれが当てはまりません。ヒトとチンパンジーのY染色体を比べてみると、チンパンジーのY染色体はヒトのY染色体の3分の2程度の大きさしかなく、そしてタンパク質の情報を持つ遺伝子はヒトの47%しかないことがわかりました。つまり、チンパンジーのY染色体では、ヒトが持っている半分以上の遺伝子が抜け落ちているのです。

さらに驚いたことに、多くの遺伝子が失われているだけではなく、30%以上の領域がヒトのY染色体とはまったく異なる構造に変化していたのです。一方、Y染色体以外の他の染色体では、ヒトとチンパンジーの間で塩基配列の違いが見られる領域は2%にも満たないことから、Y染色体の構造の変化がいかに速いかがおわかりいただけると思います。

第1章でも述べましたが、チンパンジーは乱婚であるため、雄は自分の子供を残すために過酷な精子間競争を勝ち抜かなければなりません。そのため、単婚のヒトやゴリラに比べて精子数が多く精子の運動能力が高いのです。Y染色体には精子形成にかかわる遺伝子が集約されていることから、ヒトとチンパンジーのY染色体の間に見られる大きな構造の違いは、精子の機能と何らかの関係があるのかもしれません。つまり、Y染色体のゲノムDNA配列の変化が精子の産生能力やその活動性に大きな変化をもたらしたのかもしれませんし、逆に大きな変化を繰り返したことによって得られた結果なのかもしれません。これについてはまだよくわかっていません。

その後、2012年にはニホンザルの近縁種であるアカゲザルでもY染色体のゲノム構造が明らかにされました。アカゲザルのY染色体はさらに小さく、ヒトのY染色体の5分の1程度。ヒトのY染色体に大量に存在する異質クロマチン領域がほとんどなく、また真正クロマチン領域の繰り返し配列もヒトY染色体の20分の1、チンパンジーのY染色体の30分の1程度しかありません。さらに、この領域に存在するパリンドローム構造の大きさは、ヒトY染色体の12分の1、チンパンジーY染色体の17分の1程度しかなく、極めてコンパクトなY染色体であることがわかりました。

先にも述べたように、Y染色体にはパートナーがなく、Y染色体の構造に変化が生じてももとに戻ることはありませんから、速いスピードで変化することはある程度予測はできます。しかし、ヒトやチンパンジーの間の約700万年、そしてヒトとアカゲザルの間の約2500万年の分岐時間に起こったY染色体の爆発的な進化は、多くの研究者たちをおおいに驚かせました。ヒトのY染色体がどんどん退化してやがては消え去ってしまうという可能性が現実味を帯びて身近に感じられます。

(注6) 真正クロマチン(ユークロマチン)と異質クロマチン(ヘテロクロマチン)
DNAとタンパク質の複合体で染色体の基本構造であるクロマチンは、その凝縮度やDNA複製の時期、遺伝子の存在の有無、遺伝子の活性などの特徴から、真正クロマチン(ユークロマチン)と異質クロマチン(ヘテロクロマチン)に分けられる。高度に凝縮してDNAの複製のタイミングが遅く、遺伝子が不活性、あるいは遺伝子がほとんど存在しない異質クロマチンに対し、真正クロマチンは凝縮が弱く異質クロマチンよりも早いタイミングでDNA複製が起こる。そして、この領域では多くの遺伝子の発現が見られる。

（注7）原猿類と真猿類

ヒトを含むサルの仲間である霊長類は、原始的なキツネザル類・ロリス類・メガネザル類をまとめた原猿類と、その他のサルを含む真猿類に大きく分類される。しかし、メガネザル類が真猿類に近縁であることがわかってきており、最近ではこの分類はあまり使われなくなってきている。

第8章　性染色体の起源とその多様性

性染色体の分化の過程が次第に明らかになってきています。それにつれ、次に多くの研究者がいだいた疑問は、様々な動物が持つ性染色体が「共通祖先の同じ染色体に由来するかどうか」という点です。

もし異なる動物が持つ性染色体の起源が同じであれば、性染色体に乗っている遺伝子も同じであるはずです。一方、性染色体の起源が異なれば、性決定遺伝子も含めてその染色体上の遺伝子も異なっているはずです。後者の場合は、異なる遺伝子を性決定にかかわる遺伝子に変化させ、異なる仕組みで性を決める方法を獲得してきたことになります。最近、性染色体の起源に関する研究が急速に進み、魚類から哺乳類に至るまで、XX/XY型とZZ/ZW型に代表される性染色体の起源が次第に明らかになってきました。この章では、脊椎動物がもつ性染色体の起源とその多様性について詳しくお話ししましょう。

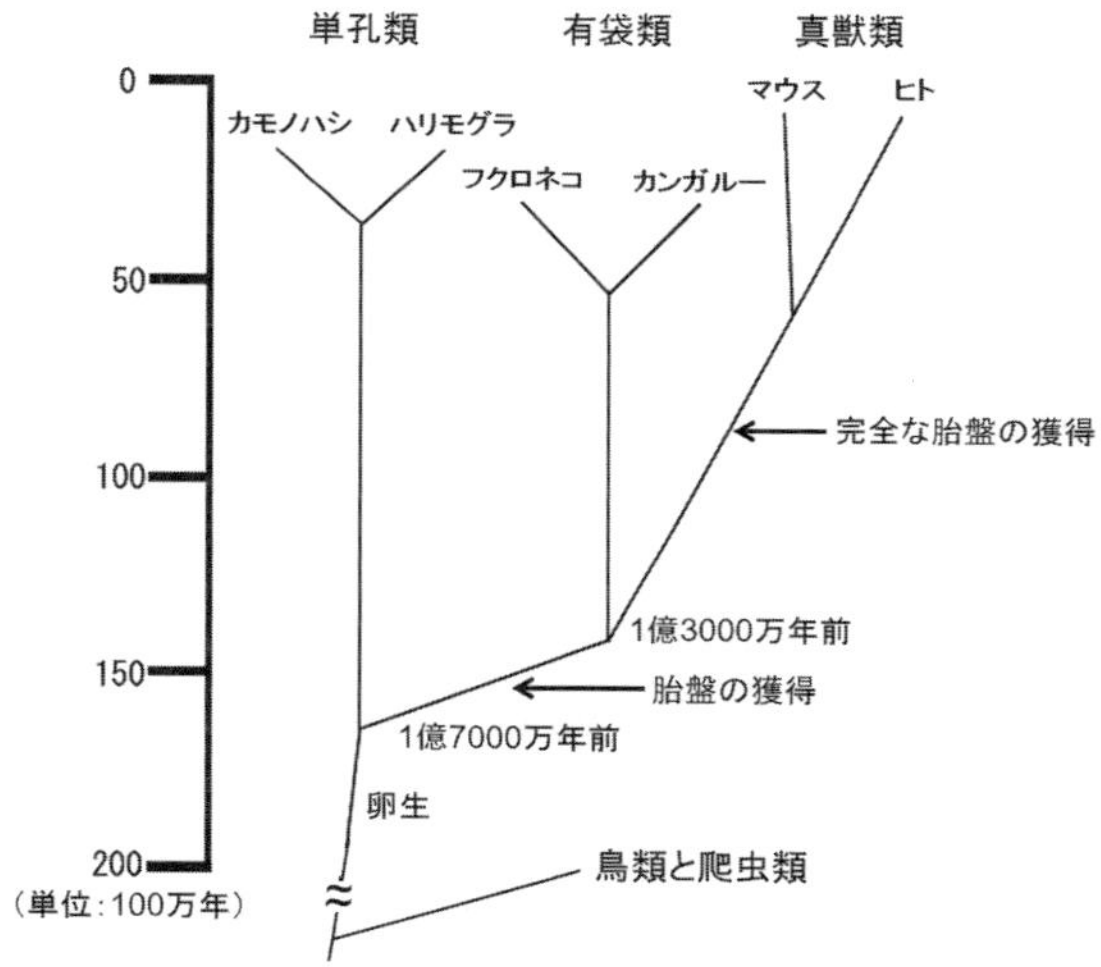

【図43】哺乳類の系統進化の過程。

哺乳類が持つX染色体の特徴と進化

わたしたち哺乳類が持つY染色体はいつ、どのようにして生まれ、そして進化してきたのでしょうか？　まずは哺乳類のY染色体の進化の過程を眺めてみることにします。

私たち哺乳類の祖先は、約3億2000万年前に爬虫類と鳥類を含む系統と分かれ、その後、哺乳類は単孔類、有袋類、そして単孔類と有袋類以外の哺乳類である真獣類の順に三つの系統に分かれました。現存する哺乳類の先祖は、2億3000万年くらい前の三畳紀後期に出現したネズミのような形をした小さな動物であったと考えられています。そして、その後、恐竜に代表される爬虫類が大繁栄した時代、彼らは大地の片すみで細々と生きながらえてきました。

現存する哺乳類のなかで最も原始的な哺乳類である単孔類は、約1億7000万年前に出現したと考えられ、今も生存する単孔類はカモノハシとハリモグラの2種類しかいません（【図43】）。

単孔類は、哺乳類でありながら卵を産み、孵化した子供を授乳して育てるという、とてもユニークな特徴を持っています。

その後、カンガルーやワラビー、コアラ、ウォンバットなどに代表される有袋類が約1億3000年前に出現したと考えられています。これらの動物は胎盤を持ちますが、まだその発達が不十分であるため、胎盤で胎児を十分な大きさにまで発育させることができません。そのため胎児は、前肢が作られただけで後肢がまだ十分に形成されていないゼリービーンズのような形をした未熟な状態で産み落とされてしまいます。産み落とされた胎児は未熟な体であるにもかかわらず、自力で母親の体を這い登って腹部のポーチと呼ばれる育児嚢の中に入り、その中で授乳されて成長するのです。そして、有袋類の後には、現在の哺乳類のほとんどを占める、胎盤が発達した真獣類が出現します。

哺乳類のX染色体は、ゲノム全体の5%くらいを占めるといわれています。この特徴は、X染色体を持つ哺乳類のほとんどの種において共通にみられ、この共通性は、このことを見つけた故・大野乾博士の名にちなんで「Ohno の法則」と呼ばれています。それでは、なぜ、どの哺乳類も同じ大きさのX染色体を持っているのでしょうか？　ヒト、マウス、ネコ、ウマなど多くの哺乳類でX染色体に連鎖する遺伝子を比較すると、哺乳類のX染色体は種の違いを超えて遺伝的に同じであることがわかっています。つまり、すでに述べたようにネコやネズミだけでなく、すべての真獣類のX染色体にもヒトのX染色体と同じ遺伝子が乗っているため、必然的に同じような大きさになってしまうことになります。

そして、X染色体の保存性が高い理由として、第9章で詳しく述べるX染色体の不活性化という哺乳類特有に見られる機構がかかわっていることが考えられます。つまり、X染色体と常染色体の間で転座（注8）が起こった場合、このX染色体の不活性化機構に障害をもたらし生存に支障をきたすため、X染色体の構造変化が集団中に残されにくいことが主な原因であると考えられています。したがって、Y染色体の退化によって獲得されたX染色体の遺伝子量補償機構が、哺乳類のX染色体を守る原動力になったといえます。

大野博士のこの研究は、その後大きく発展する比較ゲノム学研究の先駆けとなり、とても大きな意味を持ちます。染色体に乗っている遺伝子の種類やその並び方を異なる動物種の間で比較することによって、進化の過程でゲノムや染色体の構造がどのように変化してきたかを知ることができるからです。

一方、約1億3000万年前に出現した有袋類が持つX染色体のサイズは、ゲノムの約3%にしか過ぎません。ヒトのX染色体とワラビーのX染色体に存在する遺伝子を調べたところ、ヒトのX染色体の短腕（くびれの上の短い部分）にある遺伝子は有袋類では常染色体に存在することから、哺乳類の祖先型のX染色体はゲノムの3%を占める有袋類型のX染色体であったと考えられています。そして、有袋類から真獣類が分かれた後に、常染色体の二つが新たにX染色体に乗り移って、ヒトが持つX染色体が形成され、その結果、ゲノムの5%を占める大きさを持つようになったと考えられています（【図44】）。一方、有袋類が持つY染色体は、ヒトやマウスのY染色体よりもずっと退化して、小さな点状の染色体となっています。

これまでに何度も述べてきたように、ヒトを含む真獣類の性決定様式は、Y染色体上のSRY遺伝子によって決まる雄優性型です。この遺伝子は、未分化な性腺を精巣にする、すなわち胎児の雄化を開始させるスイッチであり、たった1個の遺伝子がこれほど大きな力を持つことは驚きです。しかし、SRYが発見されてからすでに20年以上が経ちますが、この遺伝子がどのような遺伝子に働きかけて、そしてどのように未分化な性腺の精巣化が引き起こされるのかというメカニズムについては、いまだによくわかっていません。

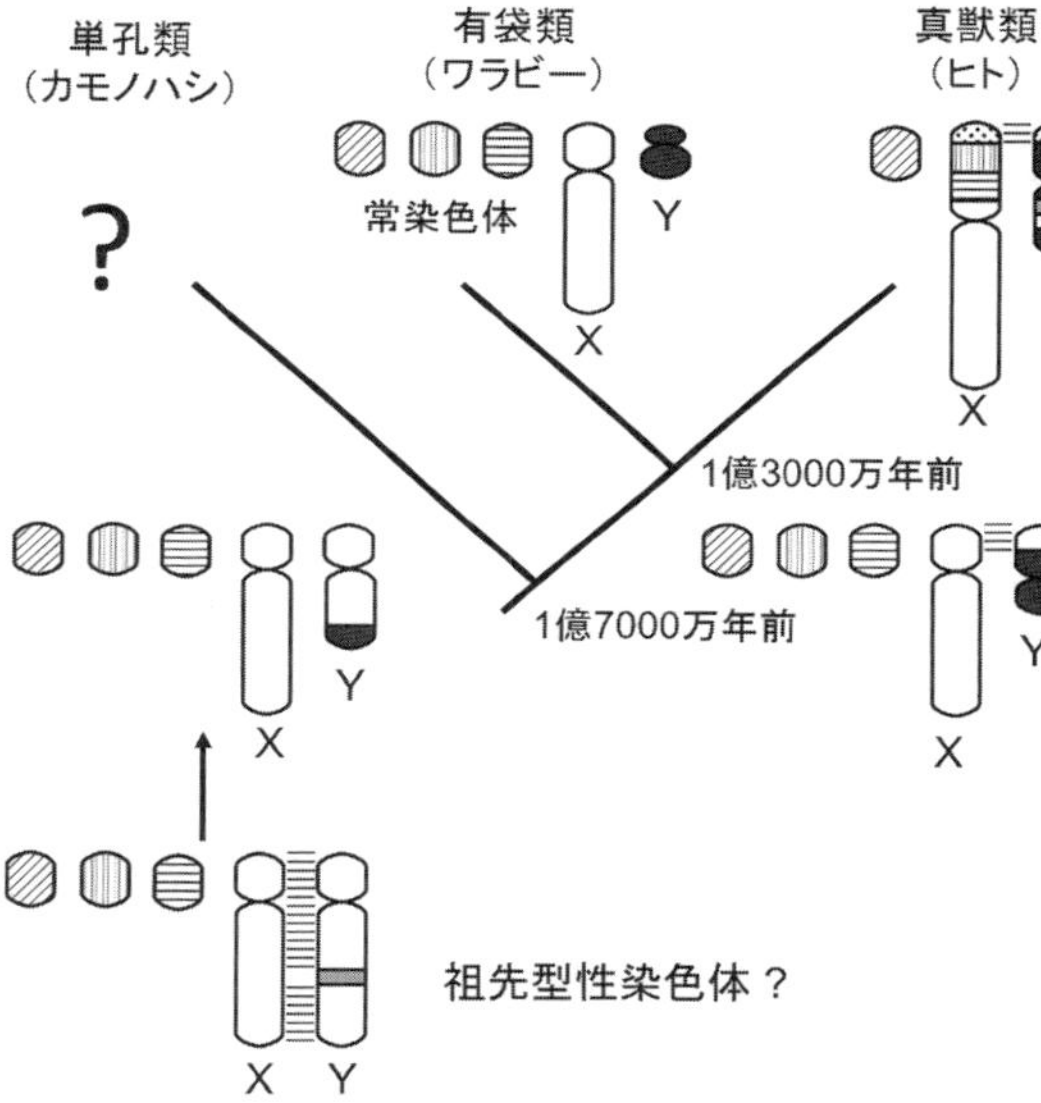

【図44】哺乳類の性染色体の進化過程の推定。

精巣決定遺伝子SRYの起源をさかのぼってみると、この遺伝子は有袋類で出現した比較的新しい遺伝子であり、卵を産む哺乳類である単孔類はこの遺伝子を持っていません。また有袋類では、生殖腺だけではなく、ほぼすべての組織でこの遺伝子が発現することから、真獣類のような性を決める機能は

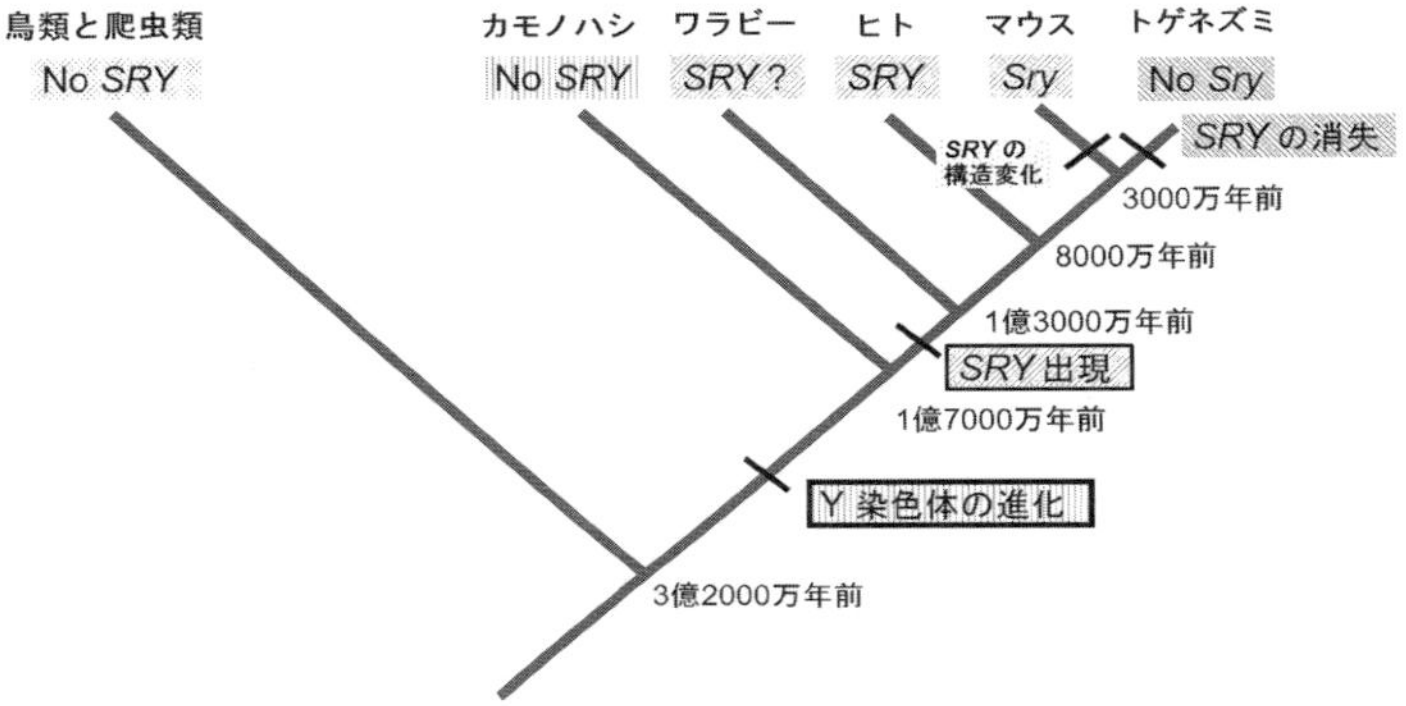

【図45】哺乳類におけるY染色体と*SRY*遺伝子の進化。
Graves, *Trends Genet.* 18, 2002（p262, Fig. 4）より改変。

持っていないと考えられています。

以上の結果から、*SRY*は、単孔類が分岐した後、有袋類が分岐するまでの約1億７０００万年から1億３０００万年の間に出現し、精巣決定因子としての新たな機能を獲得したのは、真獣類が出現した時、あるいはその後であったと推測できます（【図45】）。

鳥類、爬虫類、両生類の性染色体の起源

次に、哺乳類と共通祖先から分岐した鳥類と爬虫類の性染色体の起源と進化について考えてみましょう。鳥類の性染色体は爬虫類の性染色体と共通の起源を持つのでしょうか？　そして、爬虫類と鳥類の性染色体と両生類の性染色体との間には何らかの相同性が存在するのでしょうか？

四肢（足）動物（前肢と後肢、またはそれに類する付属器官を持つもので、両生類、爬虫類、鳥類、哺乳類が含まれる。シーラカンスやハイギョが含まれる肉鰭《にくき》類から進化したと考えられている）が出現したのち、約3億７００

0万年前に両生類と羊膜類（四肢動物のうち、発生の初期段階に胚を包み保護する羊膜を持つ動物の総称。爬虫類、鳥類、哺乳類が含まれる）が分岐したと考えられています。

哺乳類と爬虫類の共通祖先は約3億2000万年前に、爬虫類と鳥類を生みだした双弓類（頭蓋骨の両側に側頭窓を二つずつ持つ）と、哺乳類を生みだした単弓類（側頭窓を一つずつ持つ）という二つの系統に大きく分かれました。鳥類は爬虫類の系統から分かれて進化したことが進化生物学の研究で明らかになっていますので、鳥類を爬虫類の一部に含め、鳥以外の爬虫類を非鳥類型の爬虫類という名前で区別することもあります。

ヒトとニワトリの間で性染色体上の遺伝子の種類を比較したところ、哺乳類のX染色体と鳥類のZ染色体の起源が異なることがわかりました。ニワトリのZ染色体の遺伝子は、ヒトの5番染色体と9番染色体にあり、逆にヒトのX染色体の遺伝子はニワトリの1番染色体と4番染色体にあることがわかっています。

この結果は、哺乳類のXY染色体と鳥類のZW染色体が、共通祖先の異なる常染色体に由来することを示しています。性染色体が全く異なるのですから、そこに存在する性決定遺伝子も当然異なることになります。現存する鳥類は約9600種ですが、もっとも原始的なダチョウ類、その次に分岐年代の古いカモ類とキジ類、そしてこれらより後に分岐し現在の鳥類のほとんどを占める新鳥類に至るまで、すべての鳥類のZ染色体が相同であることがわかっています。

ヘビ類などの爬虫類の一部の種では、鳥類と同様にZW型の性染色体を持つことはすでにお話ししましたが、ではヘビのZ染色体と鳥のZ染色体は同じなのでしょうか？　もし同じであれば、鳥類とヘビ類の性決定遺伝子も同じなのでしょうか？　また、爬虫類のZ染色体とアフリカツメガエルやネッタイツメガエルが持つZ染色体との間に相同性は存在するのでしょうか？　これらの疑問に対する答は、わたしたちの研究によって明らかになりましたので、その研究成果を少しご紹介します。少しディープな話ですので、ご興味のない方は先へお進みください。

鳥類とヘビ類は共通の祖先に由来すること、そして両者がほぼ同じ大きさのZ染色体を持つことから、大野博士らは両者のZ染色体は共通の染色体に由来したと推定しましたが、長い間この証明はなされていませんでした（143ページ【図32】参照）。かつてわたしの研究室で研究をおこなっていた松原和純《かずみ》君は、シマヘビのZ染色体に存在する遺伝子をたくさん見つけ出し、ニワトリと比較した結果、シマヘビのZ染色体上の遺伝子は、ニワトリの2番染色体と一対の微小染色体（27番染色体）にあることがわかりました。一方、ニワトリのZ染色体の遺伝子はシマヘビでは2番染色体の短腕にありました。これらの結果は、ヘビ類と鳥類の性染色体は起源が異なり、それぞれ独自に形成されたこと、したがって鳥類とヘビ類は性決定遺伝子も異なることを示しており、これまでの予想を覆す画期的な発見となりました（【図46】）。

カメ類の場合、性染色体構成は種によって大きく異なり、XX/XY型とZZ/ZW型が混在しています。川越大樹《かわごしたいき》君は、多くのカメ類が持つ性染色体を特定し、それらの染色体が持つ遺伝子をたくさん見つけました。そして、スッポンが持つZ染色体がニワトリの15番染色体と、ホオジロクロガメのX染色体がニワトリの5番染色体と相同であることを明らかにしました。この結果も、これらのカメ類が持つ性染色体が鳥類の性染色体とは起源が異なることを示しています。

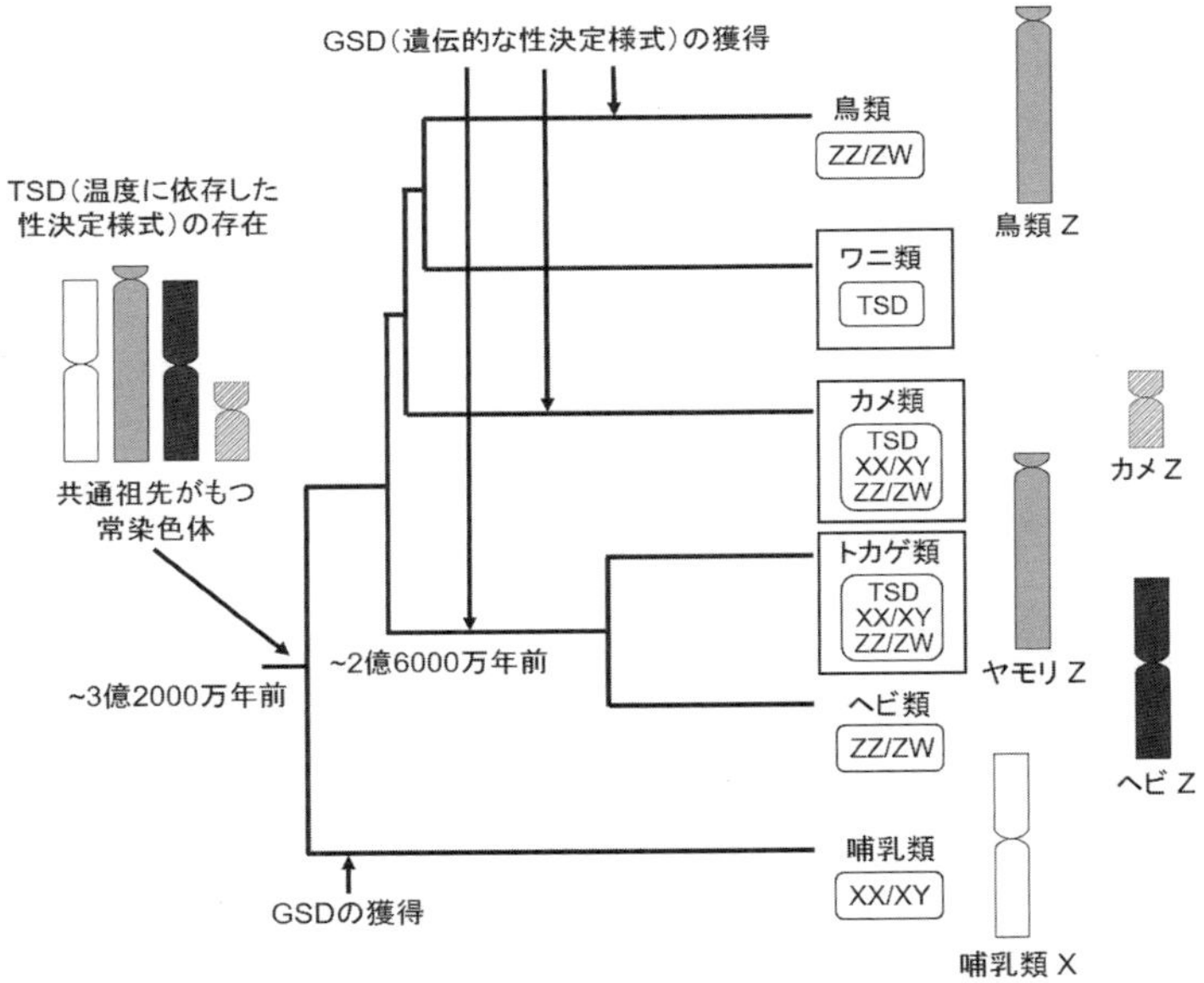

【図46】哺乳類、鳥類、爬虫類が持つ性染色体の起源の多様性。

このような性染色体の起源の多様性は、両生類のカエルにも見られます。宇野好宣《よしのぶ》君は、アフリカツメガエルとネッタイツメガエルのZ染色体を特定し、それらの染色体に存在する遺伝子をたくさん見つけました。その結果、アフリカツメガエルとネッタイツメガエルのZ染色体は全く別の染色体であること、そしてともにニワトリのZ染色体とも異なることを明らかにしました。さらに、アフリカツメガエル、ツチガエル、カジカガエルの3種のカエルが持つZ染色体を比較したところ、Z染色体に存在する遺伝子は3種の間ですべて異なっていました。この結果は、これらのカエルにおいても、それぞれの性染色体が共通祖先の異なる染色体に由来すること、そして、それぞれが異なる性決定遺伝子を独自に獲得したことを示しています。

ところが、とても興味深いことがヤモリで見つかりました。沖縄本島に生息するミナミヤモリは、ＺＷ型の性染色体を持っています。わたしたちが、ミナミヤモリのＺ染色体に存在する遺伝子はニワトリのどの染色体にあるかを調べたところ、それらはすべてニワトリのＺ染色体に存在することがわかりました。この結果は、ミナミヤモリの性染色体が偶然にも鳥類の性染色体と起源が同じであることを意味します。しかし、性を決める遺伝子がニワトリとヤモリで同じであるかどうかはまだわかっていません。

ニワトリではＺ染色体にある *DMRT1* 遺伝子が精巣決定にかかわる遺伝子であることがわかっています。これと相同な遺伝子がヤモリのＷ染色体にも存在することから、アフリカツメガエルの *DM-W* 遺伝子のように、その機能を変化させ、Ｚ染色体上の *DMRT1* の働きを抑えて卵巣化を導くように遺伝子の機能が変化した可能性も考えられます。爬虫類では性決定遺伝子がまだ見つかっていませんので、ミナミヤモリはとても魅力的な研究対象であると思います。今後の研究の進展が期待されます。

川越君は、ドロガメ科のスジニオイガメとサルヴィンオオニオイガメで同じような現象を発見しました。この2種のカメはＺＷ型ではなくＸＹ型の性染色体を持ち、性決定様式は雄優性型です。しかし、不思議なことに、これら2種のＸ染色体はニワトリのＺ染色体と相同でした。しかも、Ｘ染色体の遺伝子のならび方は、鳥類の祖先型のＺ染色体の遺伝子を持つダチョウのそれらとまったく同じでした。この結果は、これら2種のカメが持つXY染色体が鳥類のZW染色体と起源が同じでありながら、鳥類とは異なる雄優性型の性決定様式を獲得したことを意味しています。ひょっとしたら、これら2種でもXY染色体に存在する*DMRT1*が精巣の決定にかかわっている可能性が大いに考えられます。

このように、両生類や爬虫類では、哺乳類や鳥類とは異なり、性染色体の起源が多様であり、そして性を決める遺伝子も異なることを物語っています。

ところで皆さんは、性決定や性分化の研究が何の役に立つのだろうと思われるかもしれません。こうした研究は、応用面で大きな波及効果が期待できます。水産業では、食用の魚の生産や繁殖効率を上げるうえで雄と雌がどのように決められるかという情報は重要です。世界の多くの大学や研究機関で魚の性決定の仕組みの研究が活発に行われ、そして性決定遺伝子が魚で一番多く見つけられている理由はそこにあります。

家畜の多くは雌雄で経済的価値が大きく異なることから、ウシなどでは受精卵の性判定と分別胚の移植、X精子とY精子の分離と分別精子の人工授精によって、雌雄を産み分けることが可能です。また、ニワトリなどの家禽の雌雄の産み分けは経済的に多大な利益をもたらします。雌(ZW型)由来の生殖幹細胞を雄(ZZ型)の胚に移植することによって、W精子を作り出すことは可能です。W精子に受精能を持たせることができれば(まだ実現していませんが)、それらを凍結保存しておいて、必要な時に人工授精をおこなうことによって雌個体を選択的に生産することができます(ZW個体とWW個体ができますが、WW個体はZ染色体を持たないため致死になるので、生まれてくる個体はすべて雌ということになるのです)。さらに、将来的に鳥類の性決定の分子メカニズムが解明されれば、様々な遺伝子操作によって雌雄の産み分けが可能になるかもしれません。

温度依存的な性決定機構を持つ爬虫類にとって、最近の地球温暖化は、生まれてくる子供の性比を歪め種の存続に大きな危機をもたらします。しかし、残念ながら温度依存的な性決定メカニズムや原因遺伝子、さらにその遺伝子産物(遺伝子が作り出す物質)の機能はまだほとんど解明されていません。これらが次第に明らかになれば、絶滅の危機に瀕する動物の保全に大いに役立つことでしょう。このように、今後、様々な動物で性決定の仕組みが次第に明らかになっていけば、生物生産や種の遺伝的多様性の保全に大きく貢献することが期待されます。

カモノハシが持つ奇妙な性染色体

それでは、もっとも原始的な哺乳類である単孔類はどのような性染色体を持っているのでしょう? オーストラリア東部やタスマニア島に生息するカモノハシは、鳥類と同様に生殖孔・尿道・肛門が一緒になった総排泄口(外見は一つの穴に見えるため単孔類と呼ばれています)を持ち、哺乳類であるにもかかわらず、卵を産み母乳で子供を育てる不思議な哺乳動物です。また、鳥類と同様に上下の顎が突出して角質化した、まさにアヒルのくちばしのような口器を持つことから英語では「アヒルのくちばしを持つカモノハシ」と呼ばれています。そして、手足には水かき。その姿かたちを見れば、最初の発見者がその毛皮を大英博物館に送ったときに、カワウソの毛皮にカモのくちばしを付けたいたずらであると間違えられたのもうなずけます。

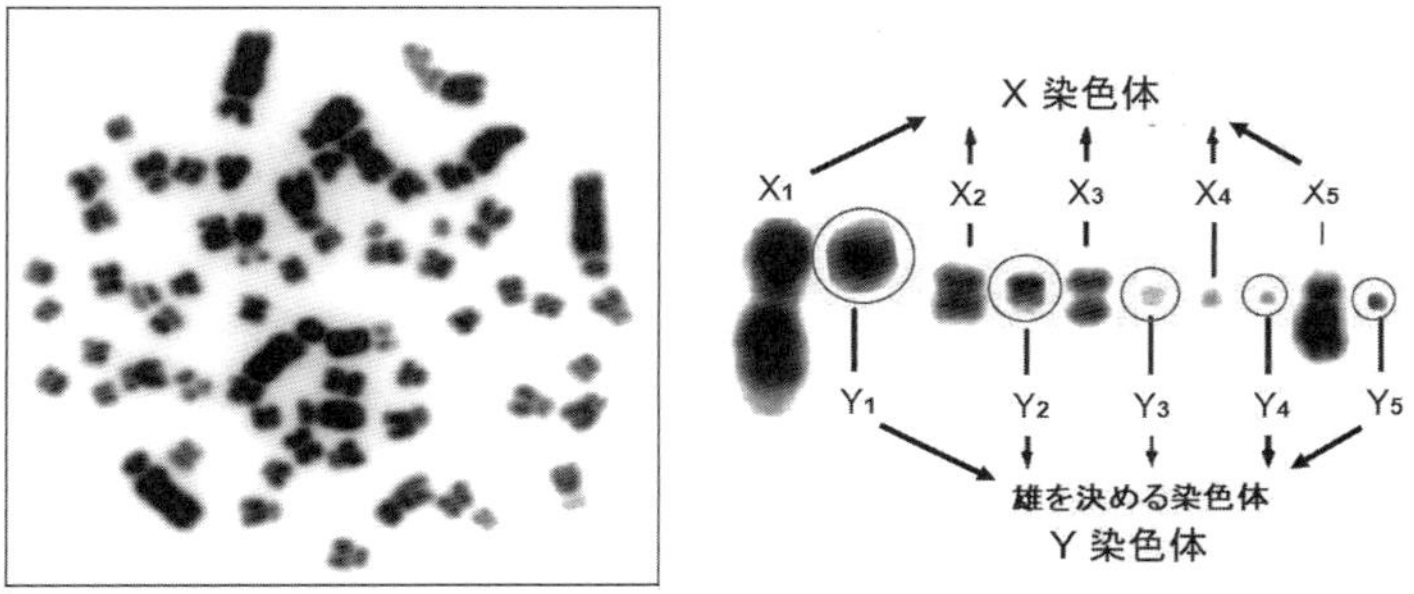

カモノハシの中期染色体像　　カモノハシの性染色体

【図47】カモノハシは5対のXY染色体（$X_1Y_1X_2Y_2X_3Y_3X_4Y_4X_5Y_5$）を持つ。Grützner, F. et al., *Nature* 432, 913-917(2004)より。

これまで、カモノハシも有袋類と同じように、ヒトやマウスのX染色体と相同なX染色体を1本持つと考えられていました。しかし、「まえがき」でもご紹介したオーストラリア国立大学のジェニファー・グレイブス博士とケンブリッジ大学のマルコム・ファーガソン＝スミス博士らが詳細な解析をおこなった結果、驚くべきことがわかりました。カモノハシの雄が持つ性染色体は、他の哺乳類のように1対のXY染色体ではなく、5対のX染色体とY染色体からなる性染色体構成（$X_1Y_1X_2Y_2X_3Y_3X_4Y_4X_5Y_5$）を持っていたのです（【図47】）。

　これはとんでもなく数の多い性染色体であり、精子が形成される際に、5本のX染色体（$X_1X_2X_3X_4X_5$）と5本のY染色体（$Y_1Y_2Y_3Y_4Y_5$）がそれぞれの精子に間違いなく分配されるかどうか心配になってしまいます。しかし、驚いたことに、X染色体とY染色体が五対あっても、減数分裂のときに、それぞれが1本の染色体のように鎖状につながり5本一組となってX染色体とY染色体が異なる極に移動します。そのため、実質的には1本のX染色体、Y染色体と変わらない行動をとることになります。

そして、さらに驚くことに、それぞれの染色体に存在する遺伝子を調べたところ、最も大きなX_1染色体は哺乳類の祖先型のX染色体に相当し、X_5染色体はニワトリのZ染色体に対応することがわかりました。この結果は、カモノハシの性染色体は哺乳類だけではなく鳥類のZ染色体の特徴をあわせ持つことを意味しています。

グレイブス博士とファーガソン＝スミス博士は、約3億2000万年前に出現した哺乳類と鳥類の祖先は、哺乳類型のX染色体と鳥類型のZ染色体の両方を保有しており、哺乳類と鳥類の系統に分岐した後、それぞれの系統でXY型、ZW型の性染色体と性決定様式が獲得されたと推定していますが、その真偽のほどはまだ謎に包まれたままです。

カモノハシやハリモグラでも性決定遺伝子に関する研究が進めば、哺乳類と鳥類・爬虫類の性染色体と性決定様式の進化過程についても新たな知見が得られることでしょう。哺乳類でありながら卵を産むというカモノハシやハリモグラの不思議な特徴は、哺乳類と鳥類の性染色体をあわせ持つ祖先動物の名残をとどめているのかも知れません。

（注8）転座
染色体に見られる構造変化の一つ。染色体の一部分が切れて同一の染色体、またはほかの染色体に付着すること。単純転座や相互転座、逆位などがあり、その結果、遺伝子の重複、欠失、再配列などが起こる。

第9章　性染色体のミステリー

三毛ネコは文字通り3色の猫です。読者の皆さんの中には、自宅で三毛ネコを飼っている人がいらっしゃるかもしれませんね。あるいは友達の家で飼っているとか。もし身近に三毛ネコを見かけることがあれば、そのネコは雄ですか？　それとも雌でしょうか？　きっと雌のはずです。まれに雄の三毛ネコが見つかることもありますが、たいていは雌なのです。

それでは、なぜ三毛模様は雌にしか現れないのでしょうか？　この不思議な現象は、Y染色体が退化したことにともなって哺乳類が独自に獲得したとてもユニークな遺伝機構によって引き起こされます。

ヒトの先天的な染色体の数的異常は、常染色体に比べて性染色体に圧倒的に多いことが知られています。常染色体が22対あるのに対し、性染色体はたった1対しかないのに、なぜ常染色体よりも性染色体の方が数的異常の頻度が高いのでしょうか？　この現象も、三毛ネコと同様に、哺乳類のX染色体が持つユニークな遺伝機構が関係しています。

新生児に見られる染色体異常とその頻度（調査例数：73,977）

染色体異常	例 数	頻 度（1,000人当たり）
異数性（モザイクも含む）		
性染色体	176	2.38
常染色体	99	1.34
構造異常		
均衡型	141	1.91
不均衡型	49	0.66
合計	465	6.29

（Maeda, T et al., Jpn. J. Human Genet., 23：197, 1978およびWHO報告書, 1986改変引用）

【表1】新生児に見られる染色体異常とその頻度。『人類遺伝学の基礎』近藤喜代太郎ら共著（南江堂）1990年より（p41, 表4－3）。

ところでヒトでは、遺伝子や染色体の変化で性転換がよく起こります。中でもY染色体の精巣決定遺伝子がX染色体に乗り換わることによって、XX型の性染色体を持つ男性やXY型の性染色体を持つ女性が生まれることがあります。ヒトの場合、このような性転換が他の動物と比べて非常に高い頻度で発生します。実は、これもX染色体とY染色体の構造にその秘密が隠されています。この章では、こうした謎を解き明かすことにしましょう。

【表1】は、7万3977人の新生児を対象におこなった染色体調査の結果をまとめたものです（1986年、WHO）。検出された染色体異常の頻度は0・629％であり、数的な異常はその半分以上の0・372％を占めます。構造的な異常は0・257％で、そのうち遺伝子量に過不足のないもの（均衡型）が0・191％、過不足のあるもの（不均衡型）が0・066％となっています。

これらの数値を見て、とても不思議なことに気づかれたでしょうか？　常染色体の数と性染色体の数を思い出していただければ、きっとおわかりになると思います。22対ある常染色体の数的異常の割合が全部で０・１３４％であるのに対し、たった1対しかない性染色体の数的異常の割合が０・２３８％と飛び抜けて高い値になっています。特別に異常が起こりやすい染色体や、逆に起こりにくい染色体はないと考えられていますので、普通に考えれば、常染色体の異常は性染色体の異常の22倍高くなくてはならないはずです。このような不思議な現象がなぜ起こるのでしょうか？　その理由については、後ほど詳しく説明します。

ヒトは性転換が高頻度に起こる運命にある

ヒトでは、ＸＸ型の性染色体を持つ男性やＸＹ型の性染色体を持つ女性が高い頻度で現れることが知られています。ところが、実験動物のマウスなどでは、このような性転換の現象はまれにしか起こりません。同じ哺乳類でありながらこの違いはとても不思議です。

性転換が起こる原因はさまざまです。その主な原因の一つは、精巣決定遺伝子であるSRY遺伝子がＹ染色体からＸ染色体に乗り換わる「転座」という現象にあります。Ｙ染色体は、もともとはＸ染色体と相同であったものが長い時間をかけて大きく変化し、異なる染色体になったことはすでにお話ししました。このようにヒトやマウスが持つＹ染色体は大きく退化しＸ染色体とは異なる染色体に変化しましたが、偽常染色体部位（ＰＡＲ）と呼ばれる相同な部分が残っていることも第７章（１６４ページ）でお話ししました。この領域はとても小さいのですが、Ｘ染色体

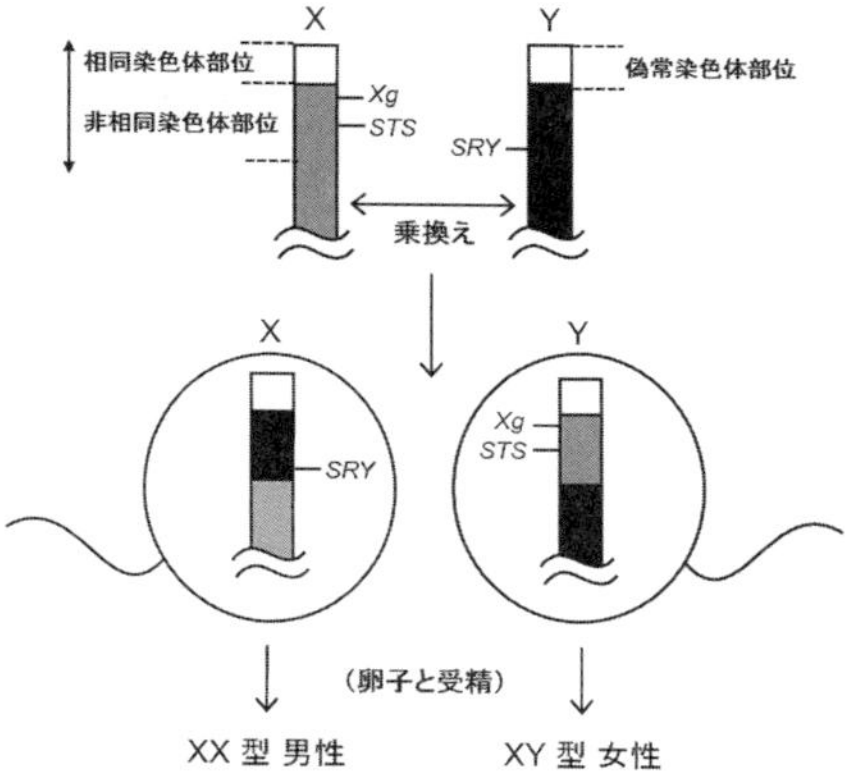

【図48】ヒトX‐Y染色体の対合と性転換が起こる仕組み。『人のための遺伝学』安田徳一著（裳華房）1994年より改変（p43, 図2・6）。

とY染色体がこの部分で対合と組換えを起こすことによって、第一減数分裂でX染色体とY染色体が娘細胞に正確に分配されます。X染色体とY染色体の間で対合が起こらなければ、減数分裂はそれ以上進行することができず、精子形成は停止してしまいます。

この領域にも遺伝子はちゃんと乗っていて、それらの遺伝子はX染色体とY染色体の間で組換えによって絶えず交換されています。Y染色体は何世代経っても未来永劫に変化しないとよくいわれますが、これは間違いです。

ヒトではこのPAR領域のすぐ近くに精巣決定遺伝子であるSRY遺伝子があるため、この遺伝子がPAR領域の組換えに巻き込まれ、Y染色体からX染色体に乗り換わることがあります（【図48】）。これがヒトでXY型女性やXX型男性が高頻度に出現する一つの大きな要因であり、そのため、「神様は男性を決める遺伝子（SRY）をY染色体上に置く場所を間違えた」とよくいわれます。この領域で間違った組換えを起こしたX染色体が精子を介して次世代に伝わると、SRY遺伝子が乗り換わったX染色体を持つXX型の男性が生まれることになるのです。逆に、SRY遺伝子が抜け落ちたY染色体が伝われば、X

Y型の性染色体を持つ女性が現れることになります。そして、これらの人は完全なX染色体とY染色体を持たないため、不妊となります。

一方、マウスでは、*Sry* 遺伝子はY染色体のごく小さな短腕の先端にあり、PARはその反対側の長腕の末端に位置しています。したがって、組換えが起こる場所が *Sry* 遺伝子から遠く離れたところにあり、X-Y染色体間で *Sry* 遺伝子が乗り換わりにくいため、性転換個体が出現することはほとんどありません（【図49】）。

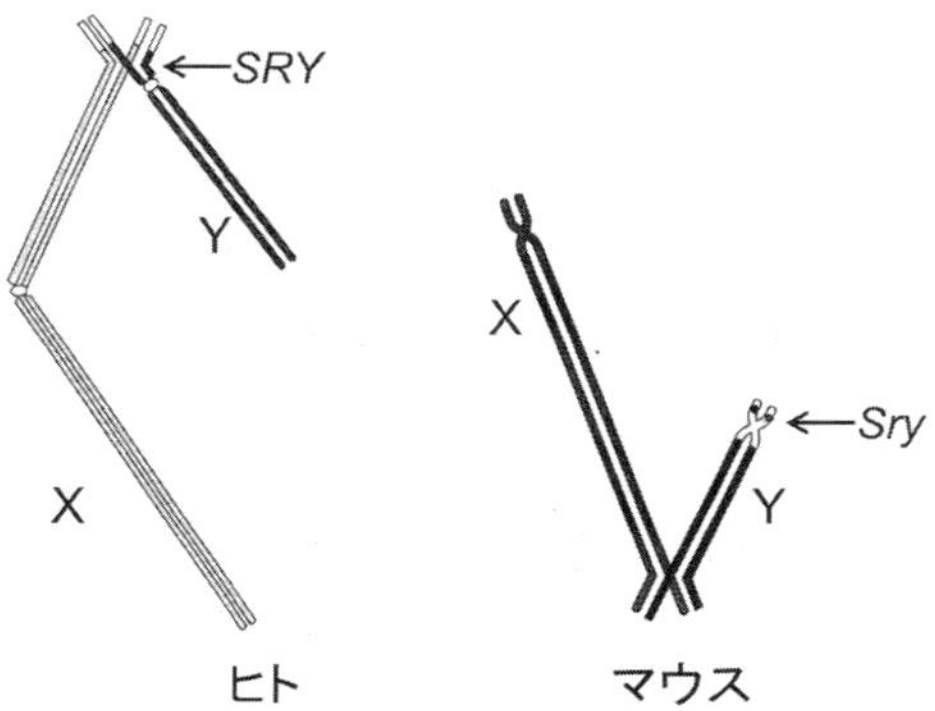

【図49】ヒトとマウスにおけるX-Y染色体間の組換えの位置と精巣決定遺伝子の位置。『21世紀の遺伝学　細胞遺伝学』佐々木本道編（裳華房）1994年より改変（p121, 図3.4; p123, 図3.5）。

退化したY染色体を持つことの不利益

すでに何度も述べてきたように、ヒトの男性と女性の違いを作り出すのは、23対ある染色体の内、1対の性染色体の組み合わせの違いだけです。しかし、遺伝子レベルから見ると、この違いは男女間でとてつもなく大きな違いを生みだすことになります。そもそも男性がX染色体を1本しか持たずに生きていること自体が不思議といえます。これはいったいどういうことでしょうか？

ヒトのX染色体はゲノム全体の5％くらいを

占める大きな染色体であり、X染色体上には1000個以上もの遺伝子があることがわかっています。一方、Y染色体にはわずかな遺伝子（78個）しか残されていません。その結果、X染色体を2本持つ女性とX染色体を1本しかもたない男性の間に、大きな遺伝子量のアンバランスを生みだすことになりました。つまり、女性はX染色体上の1000個以上もの遺伝子のセットを男性の2倍持つことになります。

染色体異常によって生じる染色体の過不足は、遺伝子量のアンバランスを生みだし、個体の生存にとって重篤な障害をもたらすことはすでに述べました。ましてや1000個以上もの遺伝子セットを半分しか持たない男性は到底生きていくことはできないはずです。つまり、男性はX染色体を1本しか持たない一倍性（モノソミー）の数的異常をかかえていることになります。ところが、X染色体が1本少なくても、また逆に2本や3本多くてもヒトはちゃんと生きていくことができます。これは、哺乳類のX染色体が遺伝子量の違いを補償する機能を持っているからなのです。

カナダの退役軍医であったマレー・バーは、ネコの神経細胞の観察をしていた際、雌ネコの細胞の核にだけ黒く凝縮した点状の構造体があることを見つけました。1949年のことです。しかし、雄ネコの細胞の核にはこの構造体は観察されませんでした。この構造体はXX染色体を持つヒトの女性の細胞にも同様に観察されましたが、XY染色体を持つ男性には見られませんでした。さらにバーは、XXY型の性染色体を持つクラインフェルター症の男性患者の細胞にも、この黒い斑点上の小体が観察されることを見つけ、「性染色質」と名づけました。発見者の名前に

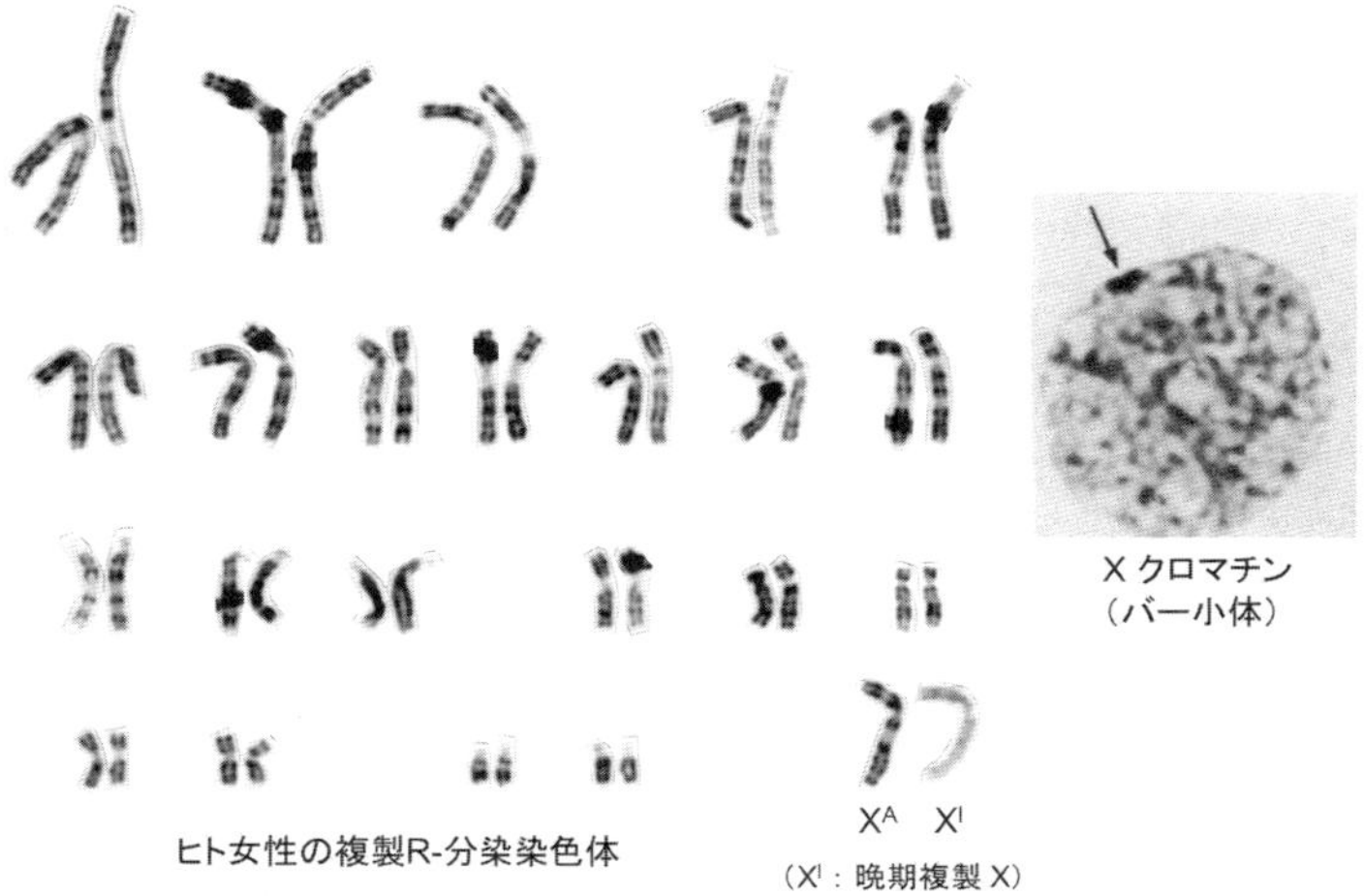

【図50】ヒトの活性X染色体（X^A）と不活性X染色体（X^I）。

ちなんで「バー小体」と呼ばれることもあります（【図50】）。

この正体がX染色体であることを明らかにしたのが、大野乾博士でした。そして、細胞核で観察されるバー小体が、2本あるX染色体の内の1本が機能を失って（不活性化して）凝縮したものである可能性を最初に提唱したのは、英国のメアリー・ライオン博士でした。

ライオン博士は、X染色体上に存在する毛色の突然変異遺伝子をヘテロ接合で持つ雌マウスでは、毛色がモザイク状のまだら模様になることに着目しました。そして、1961年に「Nature」誌に発表した論文では、胚発生の早い時期に2本のX染色体の片方がランダムに不活性（X染色体の遺伝子が働かなくなること）となり、そして父親由来のX染色体が不活性化した細胞と母親由来のX染色体が不活性化した細胞が混ざり合ったモザイクの状態で胚が発育することが、この現象を引き起こす原因であることを見事に予測しています。

このように、ヒトを含む哺乳類は、X染色体の遺伝子量の雌雄差を解決する方法として、X染色体の不活性化という遺伝子の発現調節機構を獲得しました。女性が2本持つX染色体の1本をまるまる不活性にして働かなくすることによって、X染色体を1本しかもたない男性との遺伝子量の差をなくしているのです。この現象は、その発見者であるライオン博士の名前にちなんで、ライオナイゼーションと呼ばれています。

しかし、よく考えてみると、常染色体の遺伝子はすべて二つがセットになって働いているのに、男性のX染色体の遺伝子だけ1セットで大丈夫だろうかと思ってしまいます。しかし、X染色体の遺伝子は、そのようなことがないように、ちゃんと半分の遺伝子量で正常に機能するようになっていますので心配はいりません。

三毛ネコが雌である理由

三毛ネコの雄は、船に乗せていくと「遭難しない」「時化《しけ》を予知する」「漁に連れていくと大漁に恵まれる」「魔除けになる」など、さまざまな言い伝えがあり、縁起の良い動物として古くから特に漁師の間で珍重されてきました。雄の三毛ネコが非常に珍しいことから、何の根拠もなくこのような理由付けがされてきたのかもしれません。

その三毛ネコの模様は、X染色体に存在する遺伝子座の対立遺伝子の組み合わせによって決まります。遺伝子座とは、遺伝子が染色体の決まった位置にあり、その遺伝子が存在する場所のこと。もちろん、それぞれの遺伝子座には一つの遺伝子しか存在しませんが、ほとんどの遺伝子座の遺伝子は1種類だけでなく、もとの遺伝子に突然変異が起こった結果、複数種類の遺伝子のタイプが存在します。このように構造（塩基配列）に違いが生じた遺伝子を対立遺伝子と呼びます。たとえば、ＡＢＯ型の血液型を決める遺伝子は、赤血球の表面に存在する抗原と呼ばれる糖タンパク質に含まれる糖の種類を決めている遺伝子であり、その遺伝子座はヒトの9番染色体にあります。もとはA型の遺伝子の1種類でしたが、この遺伝子に突然変異が起こってB型遺伝子とO型遺伝子が生まれました。このように、ＡＢＯ型の血液型を決める遺伝子にはA、B、O型の3種類の対立遺伝子が存在し、それぞれ I^A, I^B, I^O という遺伝子記号で表わされます。I^AはA型の抗原を、I^BはB型の抗原を作り、I^Oはどちらの抗原も作ることはできません。わたしたちは、これらの遺伝子を父親と母親から一つずつもらうため必ずペアで持つことになります。そのため、I^A/I^AとI^A/I^Oの組み合わせであれば血液型はA型の抗原を作り、I^B/I^BとI^B/I^OであればB型、I^A/I^BはＡB型の抗原を作ることができます。しかし、I^O/I^Oはどちらの抗原も作ることができないO型となります。I^A遺伝子とI^B遺伝子は、ペアになった相手の遺伝子に関係なくそれぞれの表現型を発現し、ともに優性の性質を持つことから、この遺伝様式は共優性と呼ばれています。

三毛ネコが持つオレンジ色と黒色（または野ネズミ色）のまだら模様は、X染色体にある*O*遺伝子座の*O*と*o*という二つの対立遺伝子の働きによって表れます。*O*はオレンジ色を決める優性遺伝子であり、この優性遺伝子がない場合はオレンジ色を発現しないため、黒色や野ネズミ色の毛色が表れます（黒色か野ネズミ色かはまた別の遺伝子によって決められています。ここでは黒色の場合を想定してお話しします）。

つまり、X染色体上のオレンジ色の優性遺伝子*O*と劣性遺伝子*o*がヘテロ接合型（*O/o*）であれば、X染色体の不活性化によって、オレンジ色と黒色のまだら模様が表れることになります。もしこの遺伝子がX染色体ではなく常染色体にあったとしたら、優性のオレンジ色の遺伝子が劣性の遺伝子の働きを抑えてしまうため、オレンジ色しか発現できません。

その仕組みについてもう少し詳しくお話ししましょう。雌では胚が子宮に着床した後、まだ細胞数の少ない初期胚の段階で、それぞれの細胞で不活性化されるX染色体が決まります。そして、2本あるX染色体のどちらか一方に不活性化が起これば、その細胞が分裂してできる娘細胞はその後何回分裂してもその不活性化状態が引き継がれていきます。これが、三毛模様を作るうえでとても重要な要因となります。つまり、父親から受け継いだX染色体と母親から受け継いだX染色体のうち、もし父親のX染色体が不活性となれば、その細胞は何回分裂しても同じX染色体が不活性化するので、父親のX染色体が不活性化した細胞の集団ができることになります。

したがって、オレンジ色の遺伝子（*O*）を持つX染色体が不活性であれば、オレンジ色が発現せずに黒色の毛を作る細胞の集団ができ、逆に*o*遺伝子を持つX染色体が不活性になればオレンジ色遺伝子が発現してオレンジ色の毛を作る細胞の集団ができます（【図51】）。ただし、*O*遺伝子を持つX染色体が不活性化するか、*o*遺伝子を持つX染色体が不活性化するかはランダムであり、細胞ごとに異なります。

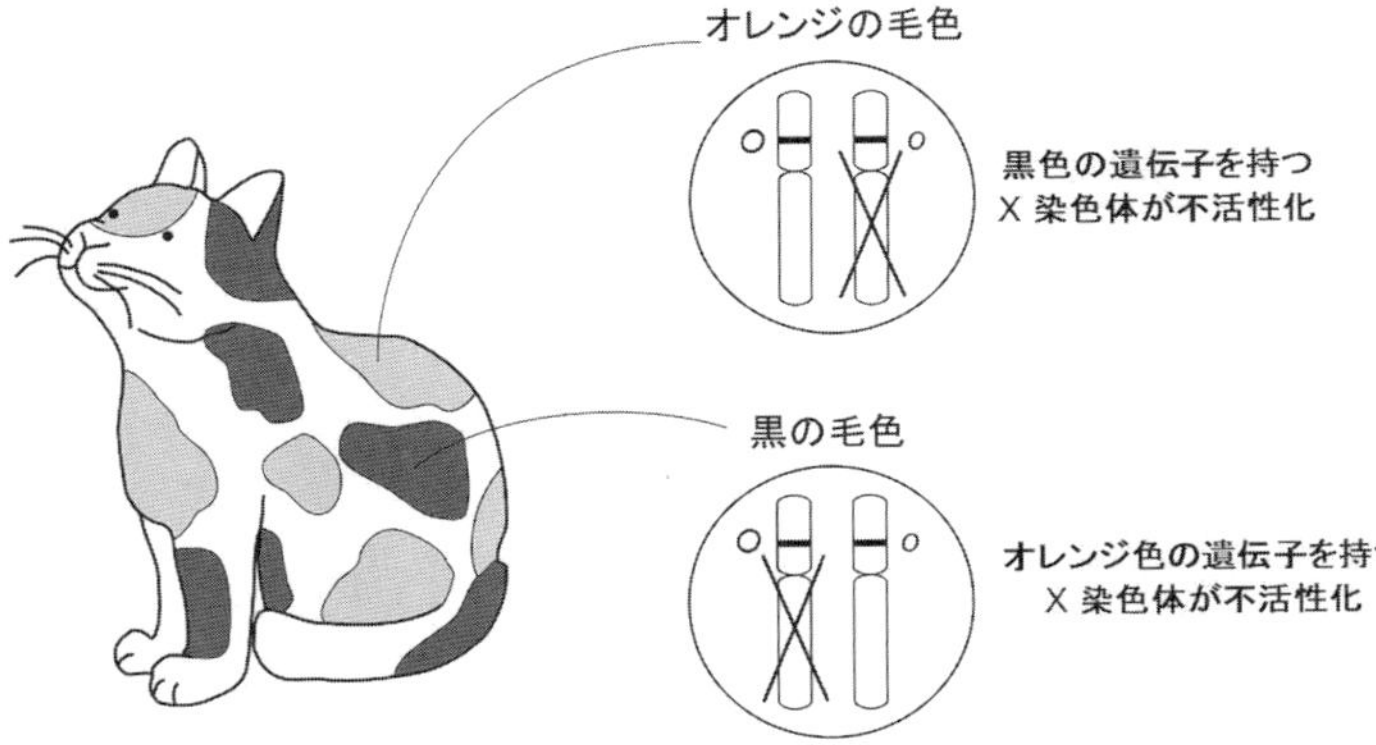

【図51】三毛ネコの毛色はX染色体の不活性化機構によって表れる。

さらにその雌ネコがSという白斑を作る優性遺伝子を持てば、そこに白斑模様が混じるため、オレンジ色、黒色、白色が斑状に混じり合った三毛模様ができることになります。一方、白斑を作る遺伝子が劣性（s）であれば、白斑は表れず、オレンジ色と黒色だけのまだら模様を持つ二毛の雌ネコが現れることになります。このように、三毛模様やオレンジ色と黒色の二毛模様ができるにはX染色体が2本あることが必要であるため、三毛ネコには雌しかいないことになります。

ところが、まれに雄の三毛ネコが見つかることがあります。そして、このような個体は、多くの場合、XXY型の性染色体構成を持つヒトのクラインフェルター症に相当する性染色体の数的異常が原因であると考えられます。このネコはY染色体を持つため雄になりますが、X染色体を2本持つため、O遺伝子とo遺伝子をヘテロ接合に持てば、X染色体の不活性化によって三毛模様が表れるわけです。したがって、雄の三毛ネコは、ごくまれなケースを除いて不妊となります。

三毛ネコは実に可愛くて人気もあり、昔はたくさん見かけたのですが、最近ではその数がめっきりと減ってしまい、あまり見かけることがなくなりました。遺伝学の知識があれば、三毛ネコを見る目も変わり、これまで以上に愛着のわく動物に思えてくるのではないでしょうか。

X染色体不活性化の巧妙なしくみ

X染色体には1000以上ものたくさんの遺伝子があることから、この大きな染色体を1本まるごと機能を失わせることは、細胞にとって大変な作業であることは容易に想像できます。それでは、細胞はどのようにしてX染色体の遺伝子を働かないようにしているのでしょうか？　分子生物学の発展によって、その詳細なメカニズムが分子レベルで次々と明らかになってきました。

X染色体上には、X染色体不活性化中心と呼ばれる領域があり、ここを中心にして染色体の両側に向かって不活性化が広がっていくことがわかっています。そして、この領域は、細胞がX染色体を何本持つか（1本か2本か、あるいはそれ以上か）をカウントする働きを持っていて、2本またはそれ以上あることを認識した場合、余分なX染色体を不活性にする機構が働き出すわけです。それでは、不活性化が起こることを運命づけられたX染色体は、どのようにして自分自身の働きを抑え込んでしまうのでしょうか？

不活性化の指令を出すX染色体の領域（X染色体不活性化中心）の構造が詳しく調べられた結果、そこにはX染色体の不活性化を引き起こす *XIST*（エグジストと読みます）という非翻訳性RNA（注9）遺伝子が含まれていることがわかりました。*XIST* は不活性化するX染色体で発現し、転写された4万塩基にも及ぶ長大な非翻訳性RNAが、相手方のX染色体ではなく、不活性化することが運命づけられた自分自身にべたべたと付着して全体を覆いつくすことによって、X染色体の働きを抑えこんでしまうことがわかっています（【図52】）。一方、不活性化されないX染色体ではこの遺伝子が働かないため、このRNAが作られることはなく、このX染色体は活性を維持することができます。

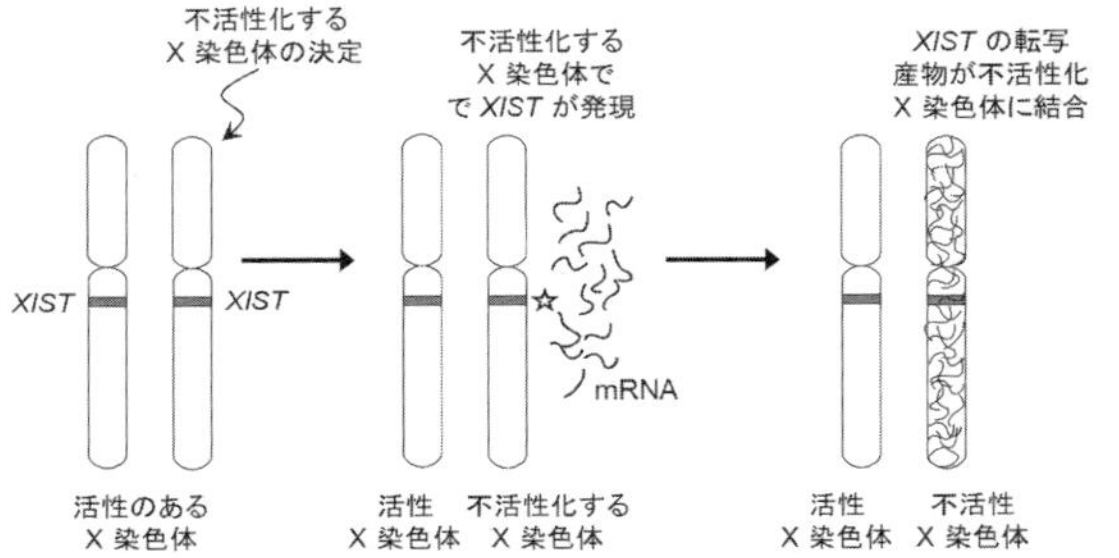

【図52】*XIST* から転写されたRNA がX 染色体に付着し、不活性化を引き起こす。

　このように、哺乳類は、雌雄間に生じたX染色体の遺伝子量のアンバランスを、まるまる1本のX染色体を不活性化することによって補償するという独自の機構を生み出しました。ところが、皮肉なことに、遺伝子量の補償機構を獲得したことによってX染色体に制約が生まれ、大きな遺伝的な負荷を背負うことになりました。なぜならば、X染色体の一部が切れ、同じように切断された常染色体とつなぎ変わるような染色体異常が生じた場合、そのX染色体の遺伝子の発現調節がうまくできなくなり、その個体は死んでしまいます。つまり、*XIST*遺伝子を持つ断片が常染色体に乗り移れば、その染色体は常染色体の部分も含めて不活性化してしまいますし、*XIST*を失ったX染色体断片は不活性化できません。これでは遺伝子量の差を正確に調節できなくなってしまいます。

ヒトを含め哺乳類が、このように自らに大きな遺伝的な負荷をかけ危険にさらしてまでも、染色体をまるまる1本無駄にしてほとんど役立たずの（？）Y染色体を作りだしてきた理由とはいったい何なのでしょうか？　単なる進化の偶然の産物だったのでしょうか？　あるいは、ある種の必然だったのでしょうか？

たまたま精巣決定遺伝子を獲得したためにY染色体が退化し、その結果、失われてしまった遺伝子の量を調節するために、哺乳類はX染色体の不活性化を生き残りの戦略として獲得するに至った、というのが正しい解釈だと思います。つまり、偶然の出来事から生まれた必然性に対し、さらに偶然の選択が働いた結果とみなすこともできるかもしれません。性染色体の進化は多くの謎に満ちあふれています。

性染色体の数的異常とX染色体の不活性化

この章のはじめに新生児の染色体異常の中で、性染色体の数的異常の頻度が非常に高いことをお話ししました（190ページ【表1】）。この現象にもX染色体の不活性化がかかわっています。常染色体であれば、染色体が1本多い、あるいは1本足りないという数の異常は重篤な障害をもたらすため、これらの異常を持つ胎児はダウン症のような特殊な事例を除いて、出生時まで生存することはほとんどありません。しかし、X染色体の場合は、3本あっても4本あっても、余分なX染色体を不活性化して最終的には1本のX染色体だけを働かせることができるため、遺伝子量の過不足というものはほとんど起こりません。したがって、XXX型であってもXXXX型であっても、XX型の健常人と同じように、X染色体の遺伝子の発現調節ができているのです。

性染色体の数的異常の代表的な例として、先に述べた、染色体数が47本でXXY型の性染色体を持つクラインフェルター症と、染色体数が45本でX染色体が1本足りないXO型のターナー症があります。前者はY染色体を持つため男性、後者はY染色体を持たないため女性となります。クラインフェルター症の男性の場合、X染色体は2本あっても一方の染色体は不活性化されますので、機能しているX染色体は1本だけであり、X染色体の遺伝子の発現量はXY型の健常人男性と同じになるはずです。ターナー症の女性はX染色体を1本しかもちませんので、こちらもXX型の健常人女性とX染色体の遺伝子の発現量が同じであるはずです。しかし、両者ともに不妊となります。それはどうしてでしょうか？

ヒトの場合、X染色体の不活性化は完全なものではなく、不活性化されたX染色体の一部の遺伝子（そのほとんどはX染色体の短腕にあります）は不活性化をまぬがれ、実際に発現していることがわかっています。そして、これらの遺伝子が存在する領域は、有袋類では常染色体にあり、ヒトのX染色体では比較的新しく生まれた領域であるため、X染色体の不活性化がまだ完全ではないと考えられています。こうした遺伝子は、1本のX染色体しかもたない男性では1セットしか働いていないのに対し、X染色体を2本持つ女性では2倍量の遺伝子が働いていることになります。したがって、これらの遺伝子は、不活性化をまぬがれて二つ働くことによって、女性が正常な生殖機能を発揮することができると考えられています。そのため、X染色体が1本足りないXO型のターナー症では、これらの遺伝子を一つずつしかもたないため、生殖機能に支障が生じると考えられています。

一方、X染色体を1本しかもたない男性では、これらの遺伝子は本来それぞれ一つしか働かないのに対し、XXY型のクラインフェルター症の男性の場合は二つ働くことによって、逆に男性の生殖機能が障害を受けると考えられます。したがって、この障害は、X染色体の数が増えれば増えるほど大きなものとなり、X染色体過剰男性（XXXY症候群やXXXXY症候群など）では、単に不妊であるだけでなく生殖器の発育不全が引き起こされることが知られています。また、過剰なX染色体があれば、減数分裂においてX染色体とY染色体の対合と分離にも異常をきたすことになりますので、X染色体とY染色体の分離が正常におこなわれず、途中で精子形成が停止し、精子が作られないことになります。

それでは、同じXX/XY型の性染色体を持つマウスではどうでしょうか？　とても不思議なことに、ヒトのターナー症と同じくX染色体を1本欠くXO型のマウスは妊性をもち、子孫を作ることができます。その原因としては、マウスの場合はヒトとは違って、X染色体上には不活性化を免れる遺伝子がほとんど存在しないためであると考えられています。そのためX染色体が1本しかなくても何ら影響はなく、正常な生殖機能を持つことができるわけです。しかし、XXY型のマウスは不妊となります。その原因はX染色体の不活性化の影響ではなく、2本のX染色体とY染色体が対合した後、染色体の分離がうまくいかないため、減数分裂に支障をきたして精子形成が停止することが原因であることがわかっています。

性染色体構成と雑種の表現形質

自然界では決して交配することがないような動物でも、人工的な飼育下では交配が起こり、あるいは人工授精によって種間雑種が得られることがあります。ロバとウマの雑種であるラバとケッテイ、ライオンとトラの雑種であるライガーとタイゴンなどがその代表的な例です。そして、同じ親種の組み合わせから生まれる雑種でも、交配に用いる親の性別によって雑種の呼び方が違います。雄のロバと雌のウマから生まれた雑種がラバ、その逆の組み合わせがケッテイ、そして雄のライオンと雌のトラから生まれた雑種がライガー、その逆がタイゴンです。

異なる動物種の間で雑種が得られる場合、ほとんどの雑種は不妊となり、あるいは胎児や個体がうまく育たずに死んでしまいます。著名な集団遺伝学者であるJ・B・S・ホールデンは、動物の種間雑種に見られる不妊や胎児または胚の発育異常には、性染色体の組み合わせが重要な要因となっていることに着目しました。そして、それらには法則性があり、それは「異なる2種の動物間で得られるF_1雑種で、一方の性が出現しなかったり、まれだったり、あるいは不妊である場合、その性はヘテロ接合型の性染色体構成を持つ」というものです。ホールデンの法則と呼ばれるこの法則は、XX/XY型の性染色体構成を持つ動物ではXY雄で、ZZ/ZW型の動物ではZW雌で、より大きな影響が現れることを意味しています。

たとえば、ラバとケッテイの場合、雄が不妊となり、雌は妊性が落ちるものの妊性は残されているという報告があります。また、わたしが研究に用いている実験用のハツカネズミと別種のハツカネズミの雑種では、雄が不妊であるのに対し、雌は妊性を持っています。また、ニワトリの雄とウズラの雌の間でも、人工授精をおこなえば属間雑種を得ることができます。この場合、ニワトリとウズラの間は先ほどの2種のネズミと比べてかなり遠縁であるため、雑種の多くは胚の発生途中で死んでしまいますが、まれにZZ型の雄個体が孵化することがあります。しかし、決してZW型の雌個体が孵化することはありません。

脊椎動物では、特に哺乳類と鳥類の雑種について詳しく調べられています。1997年のキャシー・ロウリーの報告によれば、これまでに調べられた哺乳類の雑種26例の中で、雄が不妊で雌に妊性があるものが25例、雄が死亡し雌だけが生存できるものは1例でした。一方、鳥類では、51例中、雄に妊性があり雌が不妊になるものが30例、雄だけが生存できるものは21例でした。しかし、この法則がホールデンによって1922年に提唱されて以来、90年以上もの歳月が経つにもかかわらず、そのメカニズムについてはほとんどわかっていません。

その中で、哺乳類の雑種に見られる雄特異的な不妊現象は、主にX染色体とY染色体の不適合性によって引き起こされていることがわかっています。わたしたちは、これまでにハツカネズミやハムスターなどの齧歯類《げっしるい》を用いて種間雑種を取り、精巣の減数分裂を観察したところ、X染色体とY染色体の対合がうまくおこなわれず、減数分裂が停止することを見つけました（【図53】）。

X染色体とY染色体の間に大きな構造の違いが生じたにもかかわらず、染色体の末端に残る偽常染色体部位には相同性が残されており、減数分裂の時にX染色体とY染色体はこの小さな領域で対合し組換えが起こります。そして、この領域の組換えがX染色体とY染色体の分離に必須であることをもう一度思い出してください。異なる種の間ではこの領域の相同性が低下することに

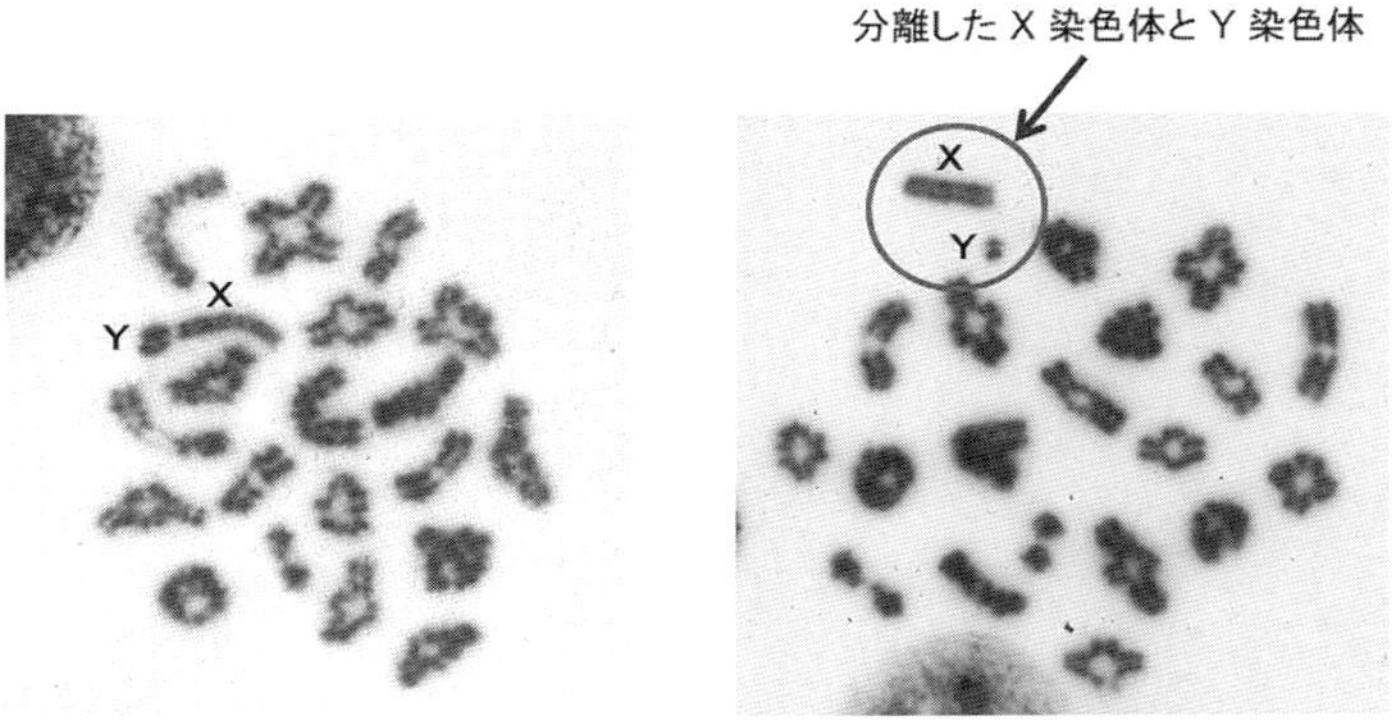

ハツカネズミの第一減数分裂中期
(X染色体とY染色体が対合している)

不妊となる雑種の第一減数分裂
(X染色体とY染色体が分離している)

【図53】ハツカネズミの精巣の第一減数分裂中期におけるX‐Y染色体の対合。

よってX‐Y染色体の対合が阻害され、減数分裂の途中で精子形成が停止することがわかっています。

一方、雌の雑種の場合は、大きなX染色体同士が染色体のほぼ全域で対合できるため、組換えは正常に起こっていると考えられます。さらに、雌の減数分裂ではチェックポイントという監視機構が雄の場合に比べてゆるく、そのまま減数分裂が進行して卵子形成に至る可能性が高いと考えられています。そのため、どうしても雄の方に不妊が起こりやすくなるのです。また、染色体が対合する前のもっと早い時期に減数分裂が停止する例もあり、その原因となる遺伝子もいくつか明らかにされています。一方、鳥類における雌特異的な不妊や胚の発育不全の原因については、まだほとんどわかっていません。

（注9）非翻訳性ＲＮＡ
タンパク質に翻訳されずに機能するＲＮＡの総称。ノンコーディングＲＮＡとも呼ばれている。このように、アミノ酸情報をもたない遺伝子の転写産物であるＲＮＡ分子それ自体には生物学的な機能はないが、代謝から個体発生、細胞分化にいたるまでの様々な生命現象にかかわる重要な働きを持つものが数多く見つかっている。転移ＲＮＡ（tRNA）やリボソームＲＮＡ（rRNA）などもこの非翻訳性ＲＮＡに含まれる。

第10章　進化の大きな分かれ道

この章では、哺乳類がいかにして胎盤を獲得したか、そして胎盤を持つことによって生み出された、哺乳類独自の生命現象について詳しくお話しします。

他の脊椎動物には見られず、哺乳類だけが持つ特徴の一つに胎盤（子宮の内壁にでき、赤ちゃんに栄養を送る器官）があります。胎盤の獲得は、哺乳類の進化に大きく貢献しましたが、そのきっかけはある偶然の出来事でした。そして、胎盤が獲得されたことによって、性分化だけではない、雄と雌のゲノム（DNAのすべての遺伝情報）の新たな機能の違いを生み出し、ゲノムインプリンティング（ゲノム刷り込み）という哺乳類特有の遺伝現象が誕生しました。その結果、哺乳類では、精子と卵子が受精した後、雄のゲノムと雌のゲノムが互いを補い合いながら調和を持って機能することによって胎児の成長がうながされます。

この雄と雌のゲノムの機能の違いが、属間雑種や種間雑種における異種ゲノム間の軋轢を生みだす大きな要因となりました。そして、雑種の不妊や発育不全という形で、異なる種間の生殖隔離と種分化の推進力となっています。少し難しい前置きになってしまいましたが、以下の各項目をじっくりと読んでみてください。進化が生み出した不思議な生命現象にきっと驚かれることでしょう。

胎児か卵か

爬虫類と鳥類は卵を産み、鳥類は翼で空を飛びます。単孔類を除く哺乳類は卵を産まず、胎盤で胎児を育てます（有袋類は胎盤が未発達であるため、未熟な子供を育児嚢で育てることは先に述べました）。これらの動物は見た目も体の構造も大きく異なるように見えますが、実は約3億2000万年前に共通の祖先から出現し、ある共通の特徴を持つことから同じグループに分類されます。これらを結びつける共通の特徴とはいったいどのようなものでしょうか？　それは、胚や胎児を包み込み保護する羊膜を持つことであり、これを持つ動物を羊膜類と呼びます。

それでは、羊膜を持つことの意味とは何でしょうか？　魚類や両生類は卵を水の中に産み落とし、胚や幼生は水の中で育ちます。そのため、これらの動物は水場を離れて繁殖することはできません。一方、羊膜類の共通祖先は、両生類から分岐した後、羊膜を獲得したことによって飛躍的な進化を遂げました。卵の中や母親の胎内で胚を羊膜で包みこみ液体の中で胚を育てることによって、水から離れて繁殖することが可能となったのです。そして陸上で急速にその分布域を拡げていきました。

羊膜類は、羊膜を獲得した後、卵を産む爬虫類・鳥類と、母体内に胎盤を持つ哺乳類に大きく分かれました。爬虫類、鳥類、哺乳類の様々な姿かたちの特徴を比較していただければ、羊膜の獲得が種の多様性を生みだす一つの大きな原動力となったことがおわかりいただけると思います。

次に、哺乳類が胎盤を獲得した経緯についてお話ししましょう。ジュラ紀から白亜紀にかけて大繁栄した爬虫類の陰にかくれ、夜中にこそこそ活動しながら細々と生き延びてきたネズミのような小さな哺乳類の祖先は、その生き残り戦略の一つとして、胎盤を獲得することに成功しました。彼らは胎盤を持つことによって子供を体内にかかえ、いつでも安全な場所に移動することで、中生代の厳しい時代、すなわち恐竜の全盛時代を生き延びることができたと考えられています。では、哺乳類の胎盤はどのようにして獲得されたのでしょうか？　その進化の鍵を握る遺伝子の正体とはいったいどのようなものだったのでしょうか？　それには、実に驚くべき出来事が関係しています。

東京医科歯科大学の石野《いしの》史敏《ふみとし》博士の研究チームが胎盤形成に必要不可欠な遺伝子を突き止めることに成功しました。この遺伝子は、トランスポゾン（動く遺伝子）を起源に持つ*Peg10*という遺伝子で、胎盤を持つ哺乳類では広く保存されていますが、爬虫類や鳥類はこの遺伝子を持っていません。そして、この遺伝子を壊したマウスでは胎盤が形成されずに胎児が死んでしまうことから、まさしく哺乳類の胎盤を作るために新たに生みだされた遺伝子であることがわかりました。

哺乳類が持つ新たな特徴を生みだす進化の引き金となったこの遺伝子の出どころが、また非常に興味深いのです。すでに述べたように、わたしたちのゲノムは約30億の塩基対からなるＤＮＡ配列によって構成されており、その中で実際に遺伝情報を持つ領域、つまり遺伝子ＤＮＡは全体の3%以下にすぎません。残りのほとんどのDNAは、今のところまだその働きがほとんどわかっていない配列であり、その多くは機能をもたないガラクタDNAであると考えられてきました。このように役立たずのDNAをジャンクDNAと呼ぶこともすでにお話ししました。

そのなかで、トランスポゾンと呼ばれる「動く遺伝子」が、何億年にもわたる脊椎動物の進化の過程でゲノム中を縦横無尽に飛びまわり、自分のコピーを複製してはゲノムの至る所に入りこみました。そして、哺乳類のゲノム中には、これらのトランスポゾンの残骸が大量に存在しています。その数たるや、ヒトの場合、なんとゲノムの4割以上にも達します。これは驚くべき多さです。

トランスポゾンは、ゲノムの中を移動する際、遺伝子の中や遺伝子の発現を調節する領域に入り込んで遺伝子を働かなくしたり、その働き方を変えたり、あるいは遺伝子の機能に違いを生みだしたりすることがあります。そのため、最近では、トランスポゾンは生物の進化を引き起こす引き金として、そして進化を促進させるうえで重要な働きを演じてきたと考えられています。そしてその証拠となるたくさんの事例が、さまざまな動物の膨大なゲノム情報の中から次々と掘り起こされてきています。

中でも胎盤の形成に必要不可欠な*Peg10*遺伝子は、これまでガラクタと見なされてきたトランスポゾンが実際に生物の進化に大きく貢献したことを見事に示しています。有袋類と真獣類の共通祖先が出現したのは、1億年以上も前のことであり、「動く遺伝子」の気まぐれが、胎盤の獲得という現象を引き起こし、単孔類から有袋類・真獣類への進化、すなわち卵生から胎生という飛躍的な進化の原動力となったわけです。

哺乳類は胎盤を獲得したことによって、卵生から胎生に移行することに成功し、その結果、哺乳類独自の様々な遺伝機構を新たに備えることになりました。性決定という視点から見ると、現在の爬虫類と哺乳類の共通祖先、つまり祖先型の爬虫類は、温暖で食物が豊富な環境に生息していたため、厳しい自然淘汰に曝されることなく、大繁栄を極めるのに適した卵生と温度依存的な性決定という繁殖戦略を取っていたと考えられています。一方、胎生の哺乳類では、胎児の数は絶対的に少なくなるため、高い体温を持つ母体内でも温度に左右されることなく確実に雌雄を産むことができる、いわゆる遺伝的性決定機構を獲得する必要があったと考えられています。ここで注意していただきたいのは、単孔類に属するカモノハシやハリモグラは、哺乳類に分類されるにもかかわらず卵を産む卵生の動物ですが、ちゃんと性染色体を持ち、温度依存的ではなく遺伝的に性が決められています。

そして、胎盤を獲得したことによって哺乳類が新たに生み出した遺伝機構の一つが、次に述べるゲノムインプリンティング（ゲノム刷り込み）という現象です。

胎盤の獲得によってもたらされたもの

イギリス中西部のチェスター動物園とロンドン動物園で、絶滅の危機にあるコモドオオトカゲの雌が、雄がいないにもかかわらず子供を産んだという記事が２００６年12月の「Nature」誌に掲載され、世間をおおいに驚かせました。この雌トカゲは、単為発生という方法で、卵子が精子と受精することなく卵子だけで子供を作り出したのです。このような例は爬虫類だけでなく、魚類や両生類の一部の種でもみられ、また、まれに鳥類でも単為発生が起こることが知られています（シチメンチョウの無精卵を大量に孵卵器に入れると、まれに雛がかえることがあります）。

では、そうした現象はヒトでも起こり得るのでしょうか？　ヒトのY染色体が消えゆく運命にあり、やがてヒトの男性がいなくなってしまっても、コモドオオトカゲと同じように、女性だけで単為発生によって子孫を増やせばよいと考えられるかもしれません。しかし、哺乳類ではそうはいきません。哺乳類では単為発生が起こらない理由があるからです。

その理由とは何か？　それは胎盤の獲得にともなって獲得されたゲノムインプリンティングという哺乳類特有に見られる遺伝子の発現調節機構が、哺乳類の単為発生を不可能にしているからなのです。

第2章でも述べたように、わたしたちの体は大きく分けて、体を形づくる体細胞と、精子と卵子、いわゆる配偶子を作りだす生殖細胞から構成されています。生殖細胞は2回の減数分裂によって染色体数は半分になり、23本の染色体からなる一倍体の卵子と精子を作り出します。そして、受精によって卵子と精子が持つ23本の染色体が一緒になって46本の染色体からなる二倍体の体を作りあげます。このようにして、体細胞の核は母親のゲノムと父親のゲノムを1セットずつ持つことになります。

それでは、わたしたちの体の中で母親由来の遺伝子と父親由来の遺伝子は等しく働いているのでしょうか？　実は、一部の遺伝子では、両親から受け継いだ二つ一組の遺伝子セットのうち、その遺伝子が母親に由来するか（卵子を経由して伝えられたか）、あるいは父親に由来するか（精子を経由して伝えられたか）によって、どちらか一方の遺伝子しか働かなくなっています（【図54】）。

この現象は、卵子と精子のゲノムにそれぞれ目印がつけられていて、それによって遺伝子の働き方が異なるという意味で、ゲノムインプリンティング（ゲノム刷り込み）と名づけられました。「刷り込み」とは動物行動学の分野の言葉で、孵化したばかりの鳥の雛が最初に見たものを親として認識するように脳に刷り込まれる現象です。こうした刷り込み現象がゲノムや遺伝子にも存在するわけです。

この現象の発見は、メンデルの遺伝様式にしたがわない、いわゆるメンデル遺伝学の概念を覆す現象として、生命科学に大きなインパクトと新たな研究の息吹をもたらしました。わたしたちの体はたった一つの細胞からなる受精卵が細胞分裂を繰り返し、やがて約60兆個もの細胞からなる複雑な体を作り上げます。発生過程では、個体が持っている遺伝子の一次構造、つまりＤＮＡ配列が変化することなく発生のプロセスにしたがって遺伝子の発現の仕方を変化させ、その変化が分裂後の細胞にも継承されることによって劇的な形態変化が起こります。これを「後成説（エピジェネシス）」と呼びます。

こうしたＤＮＡの塩基配列の変化をともなわない個体発生の多様な生命現象と、その遺伝子発現制御のメカニズムを探求する研究分野を「エピジェネティクス」（後成遺伝学）と呼んでいます。各種生物のゲノムの解読が進んだ２０００年代以降、新たな研究分野として注目されるようになりました。現在ではこの現象が、主に染色体クロマチンを構成するＤＮＡのメチル化およびヒストンの化学修飾によって引き起こされることがわかっています。

読者の皆さんは、高校の生物の授業で進化について勉強した時、フランスの博物学者ジャン＝バティスト・ラマルクが提唱した「用不用の説」という進化説を記憶しているでしょうか。この説は、生物には環境に適応する能力があり、習性によってよく使う器官は代を重ねるにつれて発達し、逆に使用しない器官は退化しやがて消失するという考え方です。キリンの長い首や空を飛べない（正しくは空を飛ぶのをやめた）ダチョウの羽などがそのよい例です。いわゆる獲得形質の遺伝を意味しています。

一方、メンデル遺伝学の考え方にしたがえば、生物が持つ様々な特性（表現形質）は遺伝子によって支配されており、その遺伝子の構造に変化（突然変異）が生じなければ機能の違いは生まれないことになります。つまり、エピジェネティックな表現型変化に対して自然選択が起きる可能性はありますが、後代に伝えられるのは表現型をもたらした機構の遺伝子型であることを理解すれば、エピジェネティクスがラマルクの説を肯定するものでないことをご理解いただけると思います。ただし、変化した表現型が個体の世代を超えて受け継がれる「エピジェネティック遺伝」の例も見出されており、この説が絶対に間違いであるとは言い切れないと思います。

前置きが長くなってしまいましたが、本題であるゲノムインプリンティングに話を戻しましょう。先に述べた*Peg10*遺伝子は、父親から来た遺伝子は胎児で発現しますが、母親から伝わった遺伝子には蓋がされていて機能しません。また、前述したX染色体の不活性化も、不活性化されたX染色体は分裂した細胞にも伝わり機能しないことから、エピジェネティクス現象に含まれることになります。
　哺乳類は、ゲノムインプリンティング機構を獲得したことによって、刷り込みを受けた父親由来、あるいは母親由来の遺伝子は、後代の個体においてどちらか一方しか働きません。そのため、二倍性であるにもかかわらず一倍性の遺伝子として働くことになるのです。つまり、あるインプリンティング遺伝子（【図54】）では、卵子由来の遺伝子は働かず精子由来の遺伝子だけが働くことになるので、精子の関与なしに卵子だけで発生して個体を作り上げる、いわゆる単為発生は哺乳類では起こらないことになります。一方、鳥類や爬虫類は、このゲノムインプリンティングの機構をもたないため、単為発生ができることになるわけです。これが英国チェスター動物園とロンドン動物園で起きたコモドオオトカゲの雌に起きたことが、私たちには起こり得ない理由です。

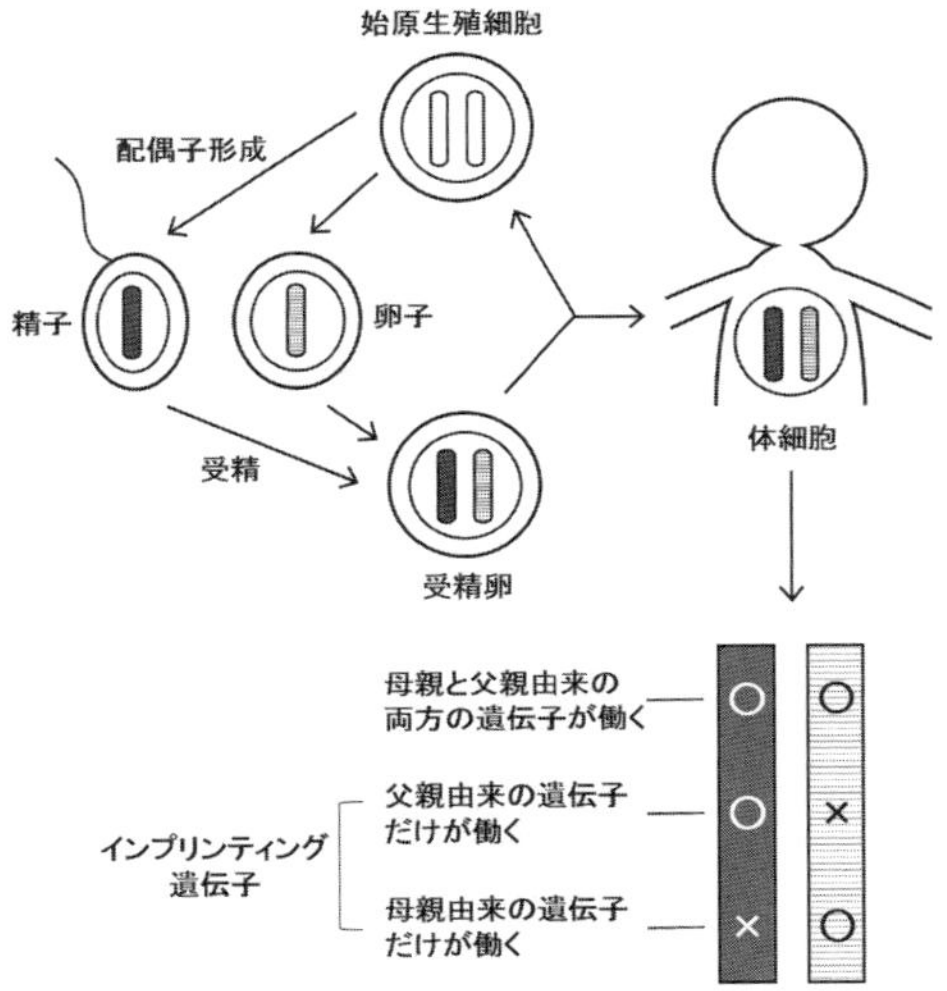

【図54】ゲノムインプリンティングがあるため、哺乳類では単為発生は起こらない。

　この現象は、マウスの受精卵の核移植実験によって発見されました。第2章で述べたように、受精直後の受精卵では、精子に由来するゲノムと卵子に由来するゲノムは、それぞれ雄性前核と雌性前核と呼ばれる核を別々に形成します。形成された前核は、雄の前核の方が雌の前核よりも大きいため、両者を簡単に見分けることができます。

１９８４年にケンブリッジ大学のアジム・スラニーらの研究グループは、顕微鏡の下で、先を細くしたピペットを用いて、前核期の受精卵から雌の核を抜き取り、別の受精卵から抜き取った雄の核と入れ替えてやることによって、精子由来のゲノムだけを持つ受精卵を、逆に雄の核を雌の核と入れ替えることによって卵子由来のゲノムだけを持つ受精卵を人工的に作りました。

そして、これらの受精卵を子宮に戻し、着床した胚の発育を観察したところ、雌由来の二つのゲノムを持つ胚では、胚体は形成されましたが、それを支える胎盤が形成されませんでした。一方、雄由来の二つのゲノムを持つ胚では、大きな胎盤はできますが、胚体はうまく発育せず不完全な小さな細胞の塊になってしまいました。

この結果は、父親から受け継いだゲノムは胎盤を作るのに重要な役割を持ち、一方、母親から受け継いだゲノムは胚体の部分、つまり胎児を形成するのに重要な役割を担っていることを示しています。したがって、受精卵が細胞分裂を繰り返して子宮に着床し、そして胎盤が形成されて胎児が正常に育つには、精子由来の父親ゲノムと卵子由来の母親ゲノムがともに必要であり、両者の遺伝子が互いの機能をうまく補い合ってバランス良く働くことが必要であることを示しています。

ラバとケッテイ

前述したように、「ラバ」は、ウマとロバの雑種です。雌のウマと雄のロバの交配によって生まれ、体が大きくて力も強く、そして従順でよく働く優れた家畜です。ウマの身体能力の高さと、ロバの従順さと忍耐強さというお互いの長所をあわせ持ちます。逆に、雌のロバと雄のウマの交配では、ロバの貧弱な体と馬の贅沢性を受け継いだ、「ケッテイ」と呼ばれるひ弱で忍耐力のない劣った家畜が得られます。

雄のトラと雌のライオンの間に生まれる「タイゴン」という雑種は、親のトラやライオンよりも体が小さくなるのに対し、逆のライオンの雄とトラの雌の組み合わせでは、「ライガー」という巨大な雑種が生まれます。両親種の体重が200kg以下であるの対し、ライガーの体重は400kg以上にも達し、先天性の臓器の疾患や骨の形成不全などが多発し寿命が短いことが知られています。

これらの動物に見られる雑種の表現型の違いには、異なる雑種ゲノム間の軋轢によるゲノムインプリンティング機構の乱れが関わっていることは容易に想像がつきますが、その詳細なメカニズムについてはまだよくわかっていません。

このような現象は、北アメリカに棲むハイイロシロアシネズミとシカシロアシネズミの雑種で検証することができます。ハイイロシロアシネズミは単婚性で生涯にわたって一夫一妻制を貫くのに対し、近縁種のシカシロアシネズミは乱婚性であり、両者の交配様式は大きく異なります。この二つの種は別々の種に属しているため自然界では交配することはありませんが、実験室内で同居させてやると交配して雑種を得ることができます。

この時、どちらの種が母親になるか父親になるかによって、得られる雑種の成長が大きく異なります。シカシロアシネズミの雌とハイイロシロアシネズミの雄の組み合わせでは、小さな子供が生まれ、逆にハイイロシロアシネズミを雌にしてシカシロアシネズミを雄にした場合、雑種の胎児と胎盤は過成長し巨大化します。

乱婚性のシカシロアシネズミでは、ある雄親Aの胎児が別の雄親Bの胎児と同じ母体の子宮の中でいっしょに育つことになった場合、父親Aの遺伝子は、他の雄親Bの胎児を犠牲にしてでも母親からより多くの栄養を手に入れようとして胎盤を肥大化させ、自分の子供を大きくするように働きます。父親Bの遺伝子もまた同様に自分の子供が大きく育つように働きます。このような遺伝子は利己的遺伝子と呼ばれ、自分や自分の子供の生存率や繁殖率を高めることによって自然淘汰を勝ち抜き、自らの遺伝子を後代に残して集団中で増やせるように働くと考えられています(【図55】)。

一方、母親側は、子供がAの子供であってもBの子供であってもどちらでも良いので、ともかく母体の負担にならないように、母親の栄養を強く求める胎児の父親の遺伝子に対抗してその作用を抑制するように働きます。つまり、小さく生んで大きく育てるという手段をとることになります。したがって、乱婚のシカシロアシネズミの場合、胎盤の成長を促す父親の遺伝子の働きが強いため、母親側のその抑制効果も大きいと考えられます。一方、単婚性のハイイロシロアシネズミの方は、父親側の遺伝子の作用は弱いため、母親側の抑制効果も必然的に小さくなると考え

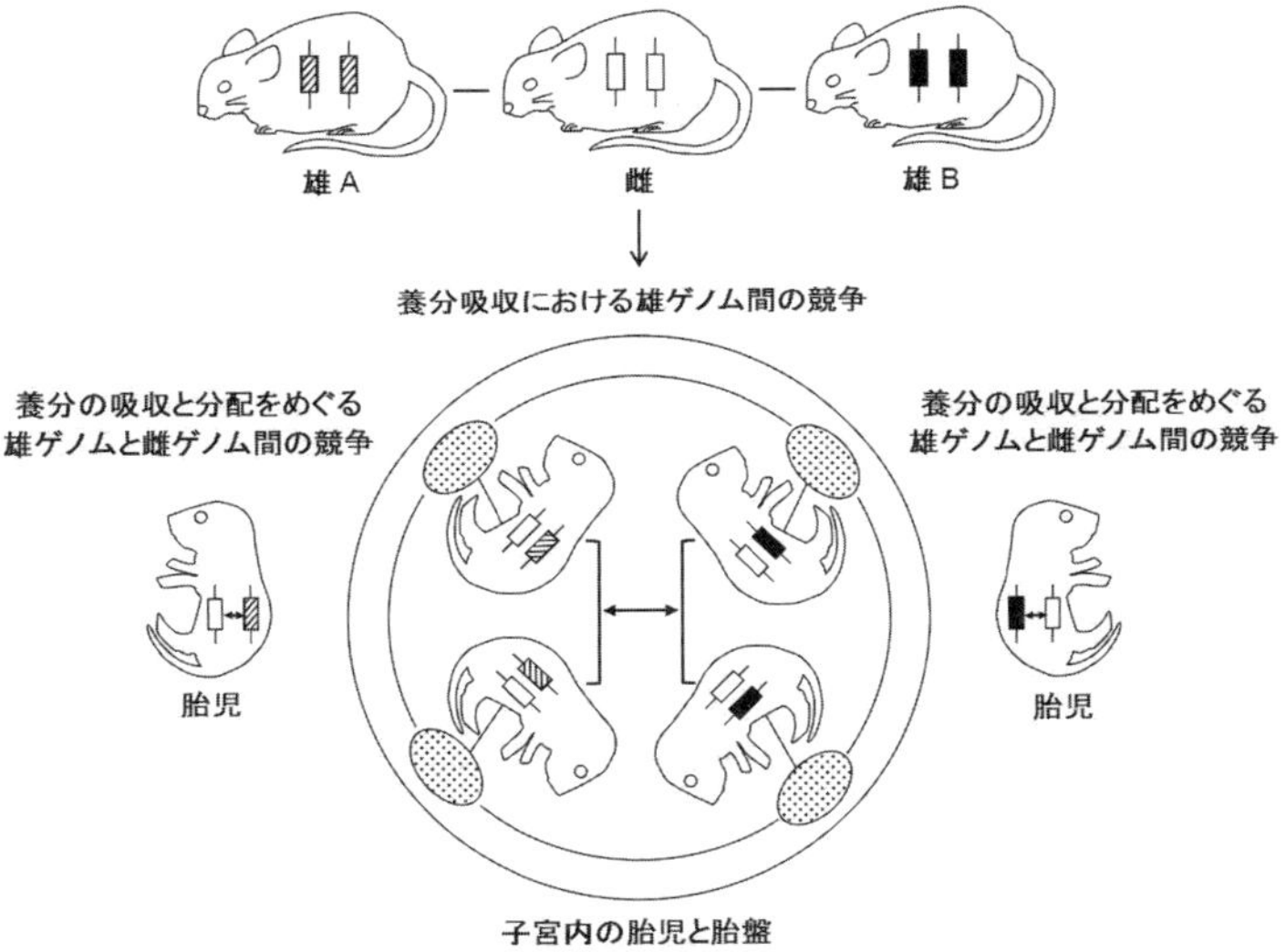

【図55】ゲノムインプリンティングに基づく雄ゲノム間ならびに雄ゲノムと雌ゲノム間の競争。

られます。

このような違いをもつ種の間で雑種ができた場合、どのようなことが起こるでしょうか？　母体側の栄養を強く求める乱婚性のシカシロアシネズミの雄ゲノムと、その抑制効果が小さい単婚性のハイイロシロアシネズミの雌ゲノムが出あった場合、父親側の遺伝子の発現が強くなり母親側の遺伝子がそれを十分に抑制できないため、胎児と胎盤は過剰に成長して大型化すると考えられます。逆に、成長促進効果の小さい単婚性のハイイロシロアシネズミの雄ゲノムと、成長の抑制効果が大きい乱婚性のシカシロアシネズミの雌ゲノムが出合った場合は、胎盤を成長させる父親側の遺伝子の効果は小さいにもかかわらず母親側の遺伝子が胎児の成長を強く抑制するため、成長が抑制され胎児が小さくなると考えられています。

異なるゲノム間の軋轢を引き起こす分子機構

それでは、次世代に伝達される遺伝子がどちらの性に由来するかを刻印する仕組みとは、いったいどのようなものなのでしょうか？　その刻印はいつどのようにして押されるのでしょうか？　その遺伝子が男性から女性に受け継がれた場合、男性の刻印が押された父親の遺伝子を娘が自分の子供に伝える場合、どのようにして男性型の刻印を女性型の刻印に変えて自分の遺伝子を次世代に伝えるのでしょうか？　また、その逆もしかりです。

生殖細胞のもとになる「始原生殖細胞」(注10)は、胎児の発生初期に現れ、その後、卵子を作るもとの細胞である「卵原細胞」や精子を作る「精原細胞」と呼ばれる細胞に分化していきます。始原生殖細胞は、親から受け継いだインプリンティング、つまり遺伝子の刻印を受け継いでいますが、それらから精子や卵子を作るもとになる生殖細胞が作られる際に、親から受け継いだ遺伝子の刻印は一担はずされます。すなわち刻印を脱ぎ捨てた、真新しい姿に戻るわけです。そして、その後、精子や卵子が作られるときに、個体の性に応じた刻印がまた新たに押されることになります。例えば、精子特異的に刻印された遺伝子を父親から受け取った娘が、この遺伝子を次の世代に伝える場合、その刻印は娘の生殖細胞で一度はずされ、今度は卵子特有の刻印が押されて子供に伝わることになります。そしてこの遺伝子が息子に伝わった場合は、また新たに精子特異的な刻印に変えられ、次世代に伝えられることになります。

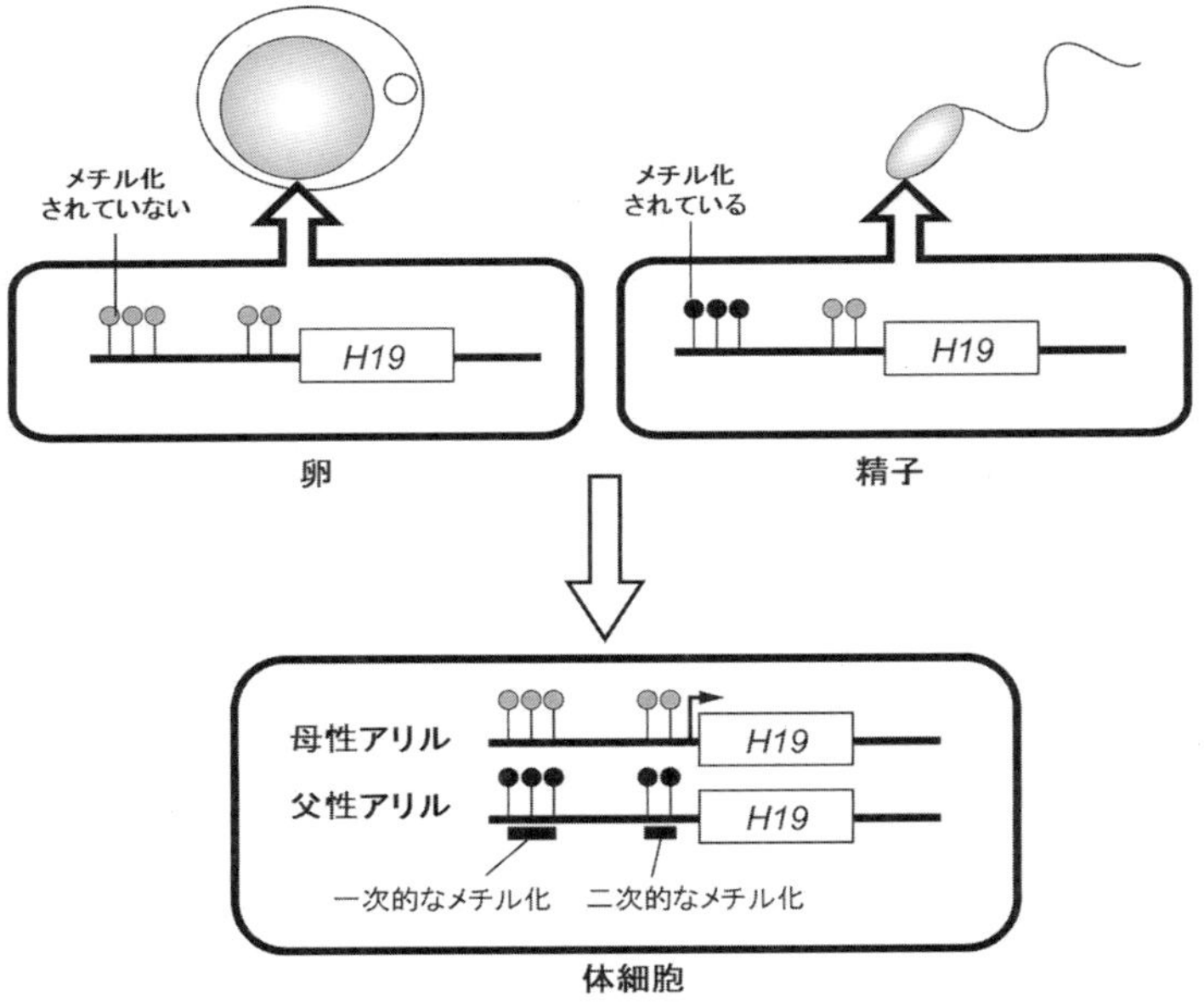

【図56】精子と卵子由来のインプリンティング遺伝子の発現が異なるメカニズム。『ベーシックマスター　分子生物学』（オーム社）2006年より（p134, 図14.5）。

それでは、その刻印の正体とは一体どのようなものなのでしょうか？　実はその正体とは意外に単純なもので、メチル基と呼ばれる簡単な構造がＤＮＡに結合する（ＤＮＡのメチル化と呼ばれます）か結合しないかによって、遺伝子のスイッチのオンとオフが決まります。遺伝子の発現を制御するＤＮＡ領域にメチル基がつけば遺伝子の発現は抑えられ、メチル基がはずれれば抑制が解けて遺伝子が発現するようになります（【図56】）。

精子形成の時に*H19*という遺伝子の発現を制御する領域にメチル基が結合し、逆に、卵子側ではメチル基がつかないため、これらの精子が受精してできた二倍体の細胞では、精子由来の遺伝子に蓋がされ、卵子由来の遺伝子だけが働くことを示しています。

さらに、このような遺伝子の発現パターンの変化には、DNAの修飾だけではなく、染色体を構成するクロマチンの修飾も関係しています。中でも、第2章に述べたクロマチンの基本単位であるヌクレオソームを形成するヒストンというタンパク質が特に重要な役割を果たしています。

一般に、遺伝子が活性を持つ部分では、ある特定の位置にあるリジンというアミノ酸にアセチル基がついているのに対し、不活性な部分でははずれています。このように、DNAやヒストンの化学修飾によって、遺伝情報の発現パターンが制御されています。性特異的なインプリンティングを受ける遺伝子は、マウスやヒトで既に80以上見つかっています。そしてそれらの多くが、胎児や胎盤の成長にかかわる遺伝子です。

先に述べたハイイロシロアシネズミとシカシロアシネズミの雑種の胎児と胎盤を用いて、たくさんのインプリンティング遺伝子の発現パターンを調べたところ、多くのインプリンティング遺伝子で父親と母親由来の両方の遺伝子が発現している例が見つかりました。そして、それらの遺伝子DNAのメチル化パターンを調べると、本来刻印されているはずのメチル基がはずれていることがわかってきたのです。

齧歯類の種間雑種で見つけられたこれらの異常は、異なる種のゲノムが出合い軋轢を起こすことによって、母性インプリントと父性インプリントの維持機構、つまりDNAのメチル化パターンの維持に異常をきたし、遺伝子の発現のバランスが乱れたことが大きな要因であると考えられます。しかし、いったいどれだけの遺伝子で発現が異常になっているのか、ゲノム全体のDNAのメチル化パターンがどのように変化しているのか、さらにインプリンティング遺伝子の発現を乱す遺伝的な要因とはどのようなものなのか、についてはまだほとんどわかっていません。近い将来、最新のゲノム解析技術を用いた詳細な研究によって、この謎が解明されることを期待したいと思います。

（注10）始原生殖細胞

多細胞動物の生殖細胞系列の初期段階にある細胞で、生殖巣が形成される予定域から離れた胚域で発生し、体内を移動して生殖原基に到達した後、生殖細胞に分化する。つまり、生殖細胞の起源となる大元の細胞である。

第11章　退化し続けるY染色体

これまで、ヒトのY染色体を中心に、動物の「性」と「性染色体」について、進化の歴史をたどってきました。「性」の存在、つまり雄と雌の存在は有性生殖の根源でもあり、減数分裂と遺伝子の突然変異によって生み出される無限の遺伝的多様性は、進化の原動力となってきたのです。わたしたちはこの進化の歴史的産物を、現在、地球上に生息する膨大な生物の多様性という形で目にすることができます。真核生物が現れてから約20億年の間に、生まれては消えていった生物種の数は、想像できないほどの膨大な数になるはずです。

動物は、驚くばかりに多様な性決定様式によって雄と雌を生み出し、それを種の生き残り戦略としてきました。そうした多様な性決定様式は、進化の偶然性と必然性が複雑に絡み合って生み出されたものといえます。

その中でヒトは、「四肢動物→羊膜類→哺乳類」という進化の道筋の中で、XX/XY型の性染色体構成を持つ雄優性型の遺伝的性決定様式を獲得し今日に至っています。ある相同な染色体対《せんしょくたいつい》の一方の染色体に、偶然にも精巣を決定する遺伝子を獲得したことによって生み出されたY染色体は、退化し、やがては消えてしまうかもしれない運命を背負って、これまで進化を続けてきたのです。

さらにヒトは、一夫一妻制という結婚形態を選択したことによって、精子の劣化という厳しい現実にさらされることになりました。この精子の劣化にもY染色体が大いに関係しています。そして、第12章で述べますが、生殖補助医療技術の飛躍的な発展によって、ヒトの精子の劣化は今後さらに進んでいくでしょう。

このままY染色体は退化の一途をたどり、そしてやがては消えゆく運命にあるのでしょうか？そして、精子の劣化はよりいっそう加速し、やがては生殖補助医療に頼らなくては十分に子孫を残すことすらできなくなってしまうのでしょうか？ この章では、Y染色体の退化という視点からヒトの将来について考えてみたいと思います。

モグラレミングとトゲネズミの不思議

繰り返しになりますが、原始的な哺乳類である有袋類には、鳥類に見られるような性腺だけでなく体細胞に依存した性分化の仕組みがあったり、あるいは単孔類のカモノハシは5対の性染色体を持つなど例外的なものもありますが、哺乳類は共通してXX型が雌、XY型が雄という性決定の仕組みを使っています。

ところが、中央アジアに生息するハタネズミ亜科のモグラレミングや日本の南西諸島に生息するネズミ亜科のトゲネズミという動物は、XY雄／XX雌の性決定様式を持つ種と、雌雄ともにXO型の性染色体構成を持つ種がいます。後者はまさしくY染色体を失い（捨て？）*Sry*遺伝子を使わずに雄を決めているのです。Y染色体を失っても*Sry*遺伝子に代わる新たな性決定遺伝子を獲得し、ちゃんと雄と雌を生み分け、種を存続させているのです。そして、XO型の性染色体を持つヒトのターナー症（3章、6章、9章）とは異なり、これらの動物の雌がX染色体を1本だけしか持たなくても妊性を維持できる理由は、第9章でご説明したとおりです。ヒトの場合は、X染色体には不活性化を免れる遺伝子がたくさんあるため、X染色体1本だけでは子孫を残すことはできません。しかし、ネズミの仲間にはそのようなことはないのです。

現存するほとんどの哺乳類は、Y染色体にある*SRY*遺伝子を使って雄の性を決めているだけであり、これは決して必然的なものではなく、たまたま進化の過程で獲得されたシステムに支配されているだけなのです。モグラレミングやトゲネズミの例は、現存する哺乳類のなかで、*SRY*による雄優性の性決定機構とは異なる新たな性決定様式がたまたま生み出された結果であり、今後もまた世界のどこかの動物で新たな性決定様式が生みだされるかもしれません。

それでは、トゲネズミについて、もう少し詳しくお話ししましょう。鹿児島県の奄美大島に生息するアマミトゲネズミと徳之島のトクノシマトゲネズミでは、精子形成に必要な遺伝子群がY染色体から別の染色体に引っ越してから、Y染色体が消失したことが最近の研究で明らかにされています。これは、偶然の事象が重なって引き起こされた奇跡的な出来事といえますが、現実に起こりえた進化の結果です。

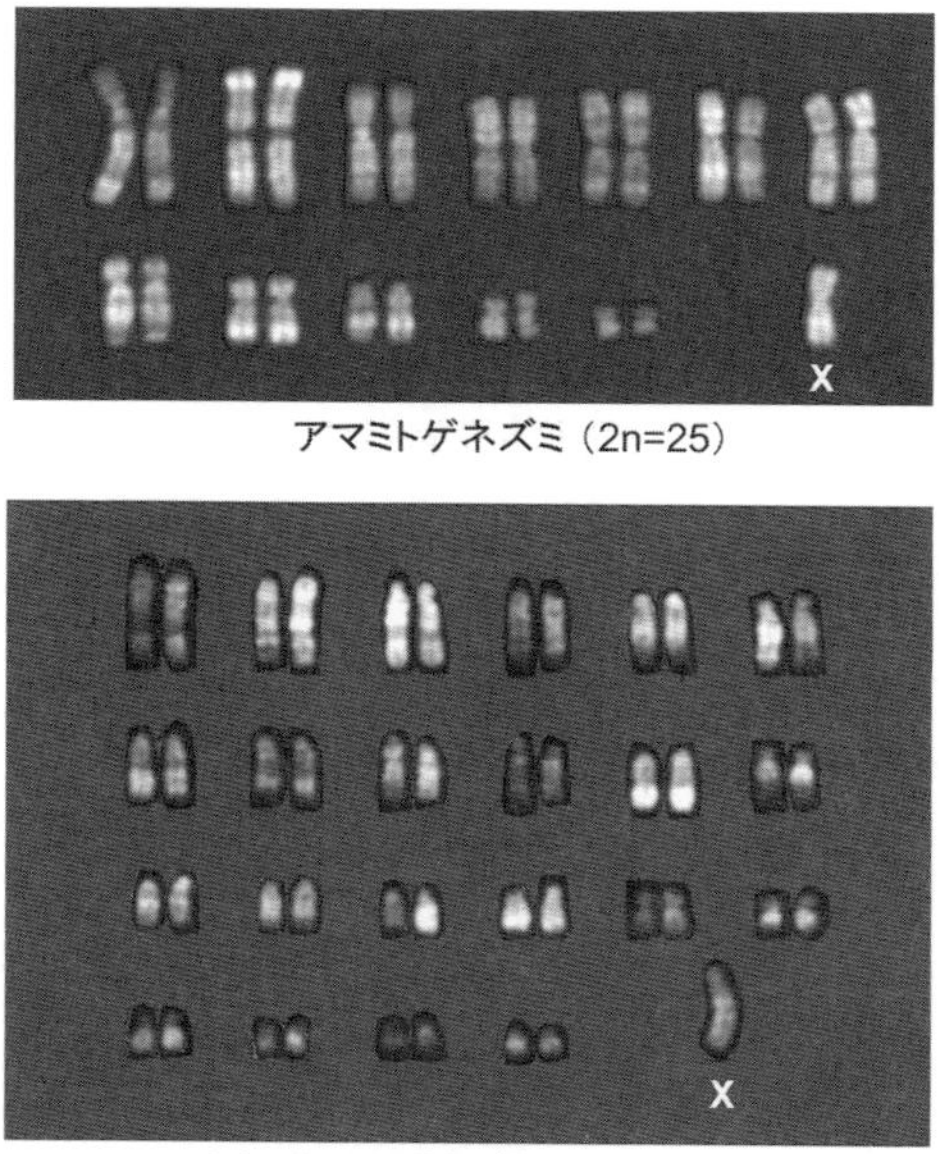

【図57】トゲネズミ２種のQ-分染核型。

この発見は多くの先人たちの研究の積み重ねによって成し遂げられてきました。１９７７年と78年に、本田武夫博士と伊藤正博博士（ともに故人。当時、放射線影響研究所）によって、アマミトゲネズミとトクノシマトゲネズミがY染色体をもたず雌雄ともにＸＯ型の性染色体構成を持つことが報告されました。

【図57】はアマミトゲネズミとトクノシマトゲネズミの染色体をキナクリンマスタードという蛍光色素で染色した核型を示しました（この色素で染色することによって染色体に縞模様が出るため、X染色体を識別することができます）。アマミトゲネズミとトクノシマトゲネズミの雄はY染色体を持たず、そして雌雄ともにX染色体を1本しか持たないため、染色体数は奇数となり、アマミトゲネズミは25本、トクノシマトゲネズミは45本の染色体を持っています。

２００１年には、須藤鎮世《しずよ》博士（現就実大学名誉教授）とフランスの研究グループによって、アマミトゲネズミとトクノシマトゲネズミが、Y染色体とともにヒトやマウスなどの真獣類が共通して持つ精巣決定遺伝子である*Sry*遺伝子も消失していることが明らかにされました。

一方、沖縄本島に生息するオキナワトゲネズミにはちゃんとY染色体があり、雌雄ともに染色体数は44本でXY/XX型の性決定様式を持つことが、土屋公幸博士（当時宮崎医科大学）によって1989年に明らかにされました。

2011年には、Y染色体を持つオキナワトゲネズミは（機能しているか否かは不明ですが）依然として*Sry*遺伝子を保有していることが、北海道大学の黒岩麻里《あさと》博士の研究グループによって明らかにされました。さらに、北海道大学の鈴木仁《ひとし》博士によるミトコンドリアDNAの解析から、沖縄本島と陸続きであった奄美諸島が切り離されて奄美大島と徳之島が孤立し、その後、Y染色体を持つオキナワトゲネズミの祖先から分岐したアマミトゲネズミとトクノシマトゲネズミの集団でY染色体が消失したことが明らかになっています。

Y染色体なしでどのように性を決めるのか

それでは、アマミトゲネズミとトクノシマトゲネズミはY染色体を持たずにどのようにして雄を作り出しているのでしょうか？　Y染色体の危機に直面するわたしたちヒトとしては気になるところです。Y染色体上にあるはずの精子形成に働く遺伝子がなくても精子はちゃんと作られるのでしょうか？　もしそうであれば、これらの遺伝子はどこにいってしまったのでしょうか？　疑問は尽きません。

２００４年、わたしが北海道大学理学部（旧）附属動物染色体研究施設に在籍していた時に、鈴木仁さん、西田千鶴子さんと一緒に、Y染色体にあるはずの遺伝子（精巣で特異的に発現する*TSPY*と*ZFY*という遺伝子）が、アマミトゲネズミとトクノシマトゲネズミではちゃんとX染色体に乗り移り、Y染色体が消失してもこれらの動物のゲノム中にちゃんと残されていることを明らかにしました。そして、この報告の後、先に紹介した黒岩麻里さんはヒトやマウスのY染色体に存在する遺伝子についてさらに詳細な解析を進め、アマミトゲネズミとトクノシマトゲネズミでは、その進化過程で、精子の生産に必要な遺伝子が何段階かにわたってX染色体や常染色体に移動した後、Y染色体が消失したことを明らかにしました。

これらの結果は、雄と同様に雌の染色体にも精子形成にかかわる遺伝子が残されていることを意味しています。これは一見、雌にとって具合が悪いように思えます。しかし、その心配はありません。これらの遺伝子は、雄の性腺で働く遺伝子であり、たとえ雌のゲノム中にあったとしても雌の性腺で働くことはありません。

それでは、Y染色体を持たないトゲネズミがどのようにして雄と雌を決めているのでしょうか？　*Sry*遺伝子に代わる新たな性決定遺伝子（おそらく精巣決定遺伝子）が誕生したことは間違いないでしょう。X染色体上の*SOX3*遺伝子がY染色体上で*SRY*遺伝子に変化したように、すでに存在する遺伝子が新たに性決定にかかわる機能を獲得して性決定遺伝子になった可能性があります。あるいはメダカの*DMY*遺伝子やアフリカツメガエルの*DM-W*遺伝子のように、性分化にかかわる遺伝子の重複コピーが出現し、性を決定する機能を新たに獲得した可能性も考えられます。

新たな性決定遺伝子が存在するのは、X染色体かもしれませんし、常染色体かもしれません。もしその遺伝子がX染色体にあれば、その遺伝子を持つ雄型X染色体と、持たない雌型X染色体があることになります。あるいは、もし常染色体にあるのであれば、その遺伝子を持つ染色体そのものが新たに誕生したY染色体であり、もう一方の性決定遺伝子を持たない染色体が新たなX染色体ということになります。性染色体に、ヒトやマウスのX染色体とY染色体のように、目で区別できるような形の変化が生じている必要はなく、実際にX染色体とY染色体間で、あるいはZ染色体とW染色体間で形の違いがわからない種はいくらでも存在します。

また、考えにくいことではありますが、新たな性決定様式が雄優性型である必要はなく、ZZ/ZW型のように雌優性型である可能性も否定できません。実際に、魚類、両生類、爬虫類ではXY型とZW型が混在しています。アマミトゲネズミとトクノシマトゲネズミの性決定遺伝子が見つかれば、脊椎動物における性決定メカニズムの進化機構の解明に大きなインパクトがもたらされることは間違いありません。今後の研究の発展に期待したいと思います。

もしヒトの男性がいなくなったら

本書の冒頭でグレイブス博士が述べている、「ヒトのY染色体は退化の一途をたどり、500〜600万年後には消失してしまう。そして、偶然が重なれば、明日消失しても不思議はない」という可能性についてお話ししました。しかし、わたしはグレイブス博士の説には少々疑問を持っています。哺乳類が長い進化の過程で獲得し維持してきた性決定様式が、そう簡単に崩壊し消滅してしまうとは考えられないからです。

現在ヒトが持つY染色体は、ほぼ必要最小限な機能単位にまで究極的な進化を遂げた状態にあることから、今後は、単純な時間計算のもとに遺伝子の喪失（欠失）が進んでいくとは思えません。Y染色体の退化はすでにプラトー（停滞状態）に近い状態に達しており、モグラレミングやトゲネズミにみられるような偶然の事象の積み重ねがない限り、そう簡単に失われるとは考えにくいからです。しかしながら、今後、ヒトのY染色体はさらなる退化の方向に向かって、進化の歩みを進めて行く運命にあることも事実です。

もちろん、トゲネズミのように、Y染色体を失ったヒト（XO型のターナー症などの先天異常とは意味がまったく異なりますのでご注意ください）が偶然出現する可能性は完全には否定できません。ただし、そのようなことが起こったとしても、ヒトの集団はとても大きいので、小さな島のような限られた環境のもとで、その変化が集団中に残って固定する可能性は、現在の状況下では極めて低いと思います。

奄美諸島のトゲネズミがY染色体を消失して新たな性決定機構を持つ種として固定されたのは、陸地がいくつもの小さな島となって孤立し隔離された際に集団のサイズが著しく小さくなり、たまたまY染色体を持たずに性を決めることができる個体だけが偶然に残った、いわゆるボトルネック効果（びんの首効果：集団の移動、地形や自然環境の激しい変化などによって集団の個体数が変動し、その集団の遺伝的構成が大きく変化する現象）の結果であると考えられます。

ヒトでも、ある特定の集団でY染色体が消え、SRY遺伝子に代わる新たな性決定様式が獲得される確率は限りなく低いとは思いますが、長い進化という時間の尺度で考えれば完全に否定することはできません。ただし、人類がそれだけの長い間存続できたとしての話ですが。

性は性染色体を失ったくらいで簡単に消滅してしまうような単純なものではありません。従来の性染色体が失われても新たに性決定遺伝子が生まれ、性を存続させていくことができます。そして、その新たな性決定遺伝子を獲得した染色体が新たな性染色体となるのです。逆に、従来の性決定遺伝子を失った染色体は常染色体に戻るわけです。

このような性染色体の入れ替わりは、両生類や爬虫類の進化の過程で頻繁に起こったことがわかっています。その証拠に、第8章で紹介したわたしたちの研究で明らかになったように、両生類や爬虫類では、種ごとに性染色体の起源が多種多様であり、XY型とZW型の性染色体も混在しています。

地球上には、爬虫類のヤモリやメクラヘビなどに見られるように、地域によっては雄が消滅しても単為発生（単為生殖または処女生殖ともいう）で生まれた雌だけで集団が構成されている動物もいます。しかしヒトを含む哺乳類は、第9章でお話ししたように、ゲノムインプリンティングという機構を持っているため、単為発生が起こることはなく、女性だけの社会が形成されることはないでしょう。したがって、ヒトの場合、男性が消えれば、ヒトという種は子孫を残すことができず滅びるしかありません。

そもそも500〜600万年後にも人類が生存しているのかどうか、あるいは人類から進化した新たな生物が地球上に存在するのかは誰も知る由もありませんが、他方で、Y染色体が消失することとイコール男性が消える、そして人類が滅ぶということではないことはご理解いただきたいと思います。

これまでのY染色体の矮小化と退化という進化の歴史を科学的にとらえれば、Y染色体がこの先も退化の一途をたどり、さらに遺伝子を失っていく可能性は高いと思います。しかし、ヒトという種の存続に必須な遺伝子（特に生殖に必要な精子生産にかかわる遺伝子など）は、たとえ突然変異が生じたとしても、厳しい淘汰に耐え集団の中で重要な機能を持つ遺伝子として残されていくでしょう。

でもよく考えると、新たに生まれた精巣決定遺伝子を持つ染色体がいわゆる新たなY染色体となるわけですから、結局のところ、古いY染色体が消えただけで、実際にはY染色体は依然として存在することになります。もし新しい性決定遺伝子が卵巣を決める遺伝子だったら、新たにW染色体が生まれることになり、雌雄を決める性染色体が消えることはありません。

実際に、カエルやメダカなどにも見られるように、常染色体に新たな性決定遺伝子が誕生し、その染色体が新たな性染色体となることによって、それまでの性染色体が消える、すなわち常染色体に戻ってしまうことは、生物の進化過程で繰り返し起こってきたことであり、今後もその可能性は十分にあります。

グレイブス博士が「性の未来」という論文を発表してからすでに16年の歳月が経ちました。この間、Y染色体の消失の可能性が多くの報道で取り上げられてきました。Y染色体消滅の可能性が、科学的な視野から正しく報道されることには何も問題はないのですが、身近な話題ゆえに、テレビのバラエティ番組などで「近い将来オトコが消えるかもしれないから、婚活に力を入れよう」などと、面白おかしく取り上げられることがないようにわたしは願っています。

Y染色体は簡単には消滅しない

第7章でも少し触れましたが、ペイジらがおこなったアカゲザルのY染色体の進化に関する研究の結果は、ヒトY染色体の消滅説に対する反証を見事に示しています。

哺乳類のY染色体は、哺乳類が分岐したおよそ3億2000万年前から染色体の構造変化（主に逆位）を繰り返し、X染色体との間で大きな違いを生みだしてきました。そして、ヒトのY染色体の構造変化の過程は、地質のような層として観察することができ、変化がおこった領域を年代別に四つの層に分けることができることはすでにお話ししました。ペイジらは、ヒトのY染色体に存在しタンパク質の情報を持つことがわかっている27個の遺伝子について、アカゲザルのそれらと比較しました。

Y染色体の構造変化が最初に起こった最も古い層にはもともと400以上の遺伝子が存在したのですが、X染色体との間に違いが生じた後、約2億年前にはほとんどの遺伝子が失われてしまいました。そして、この淘汰を潜り抜け、この最も古い領域で生き延びたのはたった五つの遺伝子だけでした。これらの五つの遺伝子は約3億年以上前からずっと変わらずに存在し、現在も遺伝子の機能を維持しています。これらは、未分化な生殖腺を精巣に分化させる遺伝子（男性決定遺伝子である*SRY*）と、精巣で発現して精子形成にかかわる機能を獲得した遺伝子（*RBMY, RPS4Y1, RPS4Y2, HSFY*）です。これらの遺伝子は、男性の生殖機能を維持するために必要な機能を獲得することによって、長く厳しい淘汰の歴史を耐えて消失を免れ、ヒトとアカゲザルのＹ染色体の上で生き延びてきたのでしょう。

このように、ヒトとアカゲザルが共通祖先から分岐した後のおよそ２５００万年の間に、両者のＹ染色体に大きな変化が起こり、お互いに構造は大きく違ってしまいましたが、アカゲザルのＹ染色体にはヒトのＹ染色体と共通の遺伝子がいまだに残されており、その並び方にもあまり大きな変化は生じていません。つまり、男性を男性たらしめる大切な遺伝子は、たとえ突然変異が起きても、少数精鋭の遺伝子として、長い進化時間を経てもその機能を失うことなく安定に残されてきたことになります。

一方、比較的新しい時代に構造変化が起きた領域では、アカゲザルとヒトの間で遺伝子の種類に大きな違いが見られます。これらの領域では、両者の間で独立してＹ染色体の変化が起こり退化していったことを示しています。おそらくその中で、種の存続に必要な遺伝子は、最も古い年代から生き残ってきた五つの遺伝子のように、今後長い時間を経ても残されていくと考えられます。Ｙ染色体の退化の起こり方は決して直線的なものではなく、また種によってもそのパターンは異なりますが、段階的に構造変化を起こしながら淘汰に耐え生き残ってきたものが、現在のヒトのＹ染色体であり、そしてアカゲザルのＹ染色体であるといえます。

ただし、ここで注意していただきたいのは、３億２０００万年前から2億４０００万年前という年代は、Y染色体が出現して最初の構造変化が起きた時期であり、この時期にSRYが生まれたのではなく、その後のY染色体の進化の過程でSRYが生まれてきたということです。実際にSRY遺伝子が精巣を決める性決定遺伝子として機能を獲得したのは、有袋類から分岐し、胎盤を持つ真獣類が出現した1億3000万年前以降であったことをもう一度思い出していただくとよいでしょう。有袋類はSRYと類似した遺伝子を持っていますが、それは未分化生殖腺を精巣に分化させる機能は持っていません。

3億年以上もの長い間にその機能を変化させながら、そして生き残ってきた遺伝子はたったの五つと少ないのですが、たとえその数は少なくても、男性にとって必要な遺伝子はちゃんと残されているわけです。ですから、Y染色体はそう簡単に消滅してしまうものではないということがおわかりいただけると思います。500万年や600万年で消えてしまうものではないはずです。

第12章　生殖補助医療と人類の未来

第1章でも述べたように、ヒトは一夫一妻制という結婚形態を選択したことによって、精子の劣化という厳しい現実に直面することになりました。この精子の劣化にもY染色体が大いに関係していることはすでに述べました。さらに、生殖補助医療技術の飛躍的な発展が、ヒトの精子の劣化をさらにうながすことでしょう。生殖補助医療に頼らなくては子孫を残すことができない人が増えていくことも予想されます。

現在の高度な生殖補助医療技術をもってしても解決できないものに、卵子や精子を作りだす生殖細胞の欠乏や枯渇という問題があります。この場合、患者はこれまで第三者からの精子や卵子の提供に頼ることしかできませんでした。しかし、この限界を打破できる新たな可能性として、「幹《かん》細胞」を用いた不妊治療が注目されています。精子や卵子のもとになる生殖細胞が作れない人でも、ＥＳ細胞(注11)（胚性幹細胞）や・iＰＳ細胞(注12)（人工多能性幹細胞）を培養し試験管内で生殖細胞を作り出すことができれば、子供を得ることが可能となるのです。幹細胞研究の発展によって新たな生命を生み出すだけでなく、さらには最近急激な発展を遂げているゲノム編集という先端技術が加わることによって、生命の遺伝情報を自由自在に操作し書き換えることすら可能な時代となってきました。

継承されてしまう脆弱性

最近は、精巣からの精子採取術が著しく進歩したことによって、絶対的不妊とされていた無精子症の人の精巣から直接、精子細胞を取り出すことができます。この場合、得られるのは精液中に放出される成熟した精子ではなく、精子になる前の未完成の細胞であるため、自分自身の力で女性の体内の卵子にたどり着いて受精することはありません。しかし、第1章でも述べたように、顕微授精（ＩＣＳＩ）という方法を用いて顕微鏡下で人工的に未成熟な精子細胞を卵子の中に注入してやれば、卵子と受精させることができるのです。このような生殖補助医療の発展によって、成熟精子を作れない人でも自分の子供を持つことが可能となったのです。

さらに、将来的には、未熟な精子細胞すら作れないような重篤な精子形成不全であっても、精巣の細胞を培養し精子細胞への分化を促すことにより試験管内で精子細胞を作り出すことができれば、ＩＣＳＩによって子供を得ることができるようになるかもしれません。

しかしその一方で、こうした技術の進歩によって、無精子症の原因となる遺伝子異常やＹ染色体の異常（多くの場合、微小な欠失）が次世代に伝えられてしまうという問題を生み出すことになります。そのため、不妊治療のためにＩＣＳＩを実施する際には、夫婦間の同意が必要となるのです。

このように、生殖補助医療の技術が進歩すればするほど、生殖にとって有害な遺伝子やY染色体の異常が次世代に伝えられヒトの集団に残されることになります。そうすると、次世代においてますます妊性の低下、そしてその一要因であるY染色体の劣化も加速されていくことになります。したがって、遺伝的な原因で不妊となった人が生殖補助医療の力を借りて子孫を残すと、次世代においても生殖補助医療に頼らなければ子供を残せない人の数がさらに増えていくことになるのです。その結果、生殖補助医療に依存した、脆弱なヒトの社会が形成され、今後さらにその脆弱性が加速されていくことが予想されます。

ES細胞を用いて前進

ES細胞は、着床前の胞胚期の胚(この時期の胚は、将来、胎盤を作り出す栄養外胚葉と、胎児となる内部細胞塊《さいぼうかい》の2種類の細胞によって構成されています)から内部細胞塊を取り出しシャーレの中で培養することによって得られる、自己複製能と多能性を持った細胞です。

自己複製能とは、分裂によって自己(細胞)を増殖させることができる能力であり、多能性とは、受精卵のように私たちの体を形作る様々な細胞や組織に分化できるオールマイティな能力を意味します。ES細胞が持つこの多能性は、細胞の培養条件を変えることによって、さまざまな種類の細胞に性質を変え目的の組織を作り出すことを可能にしました。そのため、後にiPS細胞が作り出されるまでは、再生医療の切り札としてその臨床利用に大きな期待が寄せられていました。

マウスでＥＳ細胞が樹立された１９８０年代当時は、ＥＳ細胞の最大の利点は、この細胞を用いて遺伝子を人為的に改変した遺伝子改変動物を作製できることでした。そして、ＥＳ細胞を用いて作製された遺伝子改変動物、特に特定の遺伝子だけを破壊したマウス（ノックアウトマウスといいます）を用いることによって、多くの遺伝子のin vivo（試験管内をin vitroというのに対し、生体内のことをin vivoといいます）での働きを解明することが可能となり、生命科学の発展に大きく貢献しました。

ノックアウトマウスの表現型を詳細に調べることによって、目的の遺伝子がマウスの体内でどのような働きをしているかを知ることができ、遺伝病の発症メカニズムを明らかにすることができます。また逆に、その動物を利用して、病気の治療法を開発することも可能です。ＥＳ細胞を用いた遺伝子破壊法を開発した米国の遺伝学者マリオ・カペッキとオリバー・スミシーズは、ＥＳ細胞を開発した英国のマーティン・エバンスとともに２００７年度のノーベル生理学・医学賞を受賞しています。

しかし、ヒトのＥＳ細胞の場合は、ヒトの胚を用いるという生命倫理の問題をクリアしなくてはならないため、研究の認可を受けるまでに実に多くの時間を要しました。１９８１年にエバンスによってマウスのＥＳ細胞が樹立されてから17年後の１９９８年に、ようやくヒトのＥＳ細胞が米国のジェームス・トムソンによって樹立されたのです。この研究では、受精後１週間前後の胞胚期の胚盤胞にはまだヒトの魂が宿るとはみなさないという考えのもとに、試験管ベビーの出産の目的で体外受精で得られた胚の中から、使用されずに廃棄処分となる余剰胚が用いられました。

iPS細胞がもたらした医療革命

iPS細胞の場合は、ヒトの胚を用いる必要がないため、その作製にあたってはES細胞のような倫理問題が生じることはありません。皮膚から分離した線維芽《が》細胞のようにすでに機能的に分化した体細胞にたった4種類の遺伝子を取り込ませて、それらを発現させるだけで、ES細胞と同じような最も未熟な細胞、つまり受精卵の細胞に似た無限の増殖能力と多能性を持った細胞を得ることができるのです。このような状態の細胞が生み出される過程を「初期化」あるいは「リプログラミング」と言います。コンピューターにインストールしたソフトや保存していたデータ、カスタマイズした設定などをすべて消し、まっさらな状態に戻すこと、すなわちリカバリーと同じような意味です。

すでに機能的に分化した細胞を初期化するこれらの遺伝子は、この方法を用いて世界で初めてiPS細胞を作り出した功績によって2012年度のノーベル生理学・医学賞を受賞した京都大学の山中伸弥教授の名前にちなんで、「山中ファクター」と呼ばれています。これらはすべて転写因子と呼ばれるタンパク質を作る遺伝子のグループに属します。

転写因子は、いろいろな遺伝子の発現制御領域に結合して遺伝子を活性化させ、遺伝子DNAからRNAを転写させる機能を持っています。つまり、初期化を引き起こす一連のプロセスの引き金の役目を担っています。まさしく英語名の通り、iPS細胞は4つの転写因子によって誘導された（induced）、多能性を持つ（Pluripotent）、未分化な幹（Stem）細胞なのです。そして、2017年にはES細胞と同様に全身がiPS細胞で構成されるマウスが作出され、iPS細胞が持つ多能性が証明されました。

iPS細胞の最大の利点は、ヒトの胚を用いることなくヒトの体細胞からES細胞のような多能性幹細胞を作り出すことによって、ヒトのES細胞が抱える生命倫理の問題や、他人の細胞を移植することによって引き起こされる拒絶反応という免疫上の大きな障害を克服できるということです。一方、ES細胞の場合は、受精卵を犠牲にしなければならず、そしてそれらはあくまでも他人に由来する細胞です。

iPS細胞の場合は、受精卵を犠牲にする必要がなく、自分自身の細胞から目的に合った細胞を作り出すことができます。たとえば、皮膚に分化した細胞を山中ファクターによって初期化した後、目的の細胞に変化させる物質を作用させ、さらに培養環境を工夫することによって、これまで生体から直接取得することが困難であった眼の網膜の細胞や心筋細胞、神経細胞など、さまざまな種類の細胞を作り出すことができるようになりました。つまり、他人の細胞ではなく、自分自身の細胞から目的とする機能をもった細胞を自由自在に作りだして治療を行うことができる、まさしくオーダーメイド医療が現実的なものとなったわけです。

ヒトはヒトで研究すべき

身体を形作るすべての細胞に分化できるES細胞やiPS細胞を用いることによって、シャーレの中の培養細胞から精子や卵子を作りだすことが可能な時代がやってきました。iPS細胞にいたっては、Y染色体の異常や何らかの遺伝子の異常によって精子や卵子を作れない人でも、将来的には自分自身の体細胞から自前で精子や卵子を作り出し、次世代に自分の遺伝子を残すことも可能になると考えられます。

2010年5月には「ヒトiPS細胞又はヒト組織幹細胞からの生殖細胞の作成を行う研究に関する指針」が施行され、ヒトのES細胞やiPS細胞から生殖細胞（精子、卵子）を作り出す研究が日本でも行えるようになりました。2011年には京都大学の齋藤通紀《みちのり》教授の研究グループが、マウスのES細胞とiPS細胞を、精子や卵子となるおおもとの細胞である始原生殖細胞様の細胞にまで誘導することに成功しました。

これら一連の研究成果は、新たなヒトの生殖補助医療の道を切り開くものとして注目されています。ヒトにおいては、2015年に、英国のケンブリッジ大学のグループがヒトのES細胞とiPS細胞から始原生殖細胞を作り出すことに成功しています。

試験管内だけで成熟した精子と卵子を直接作りだすことはまだできませんが、このように始原生殖細胞を作り出すことはできますので、これらを生殖腺組織に移植して体内の環境に戻してやれば、成熟した生殖細胞を作ることは可能です。そして、これらの技術を用いれば、卵子の老化や枯渇によって妊娠できない人、そして無精子症の人が子供を望むことも可能になるかもしれません。

しかし、ヒトに応用するには、安全性の確認、卵巣組織の入手など、まだまだクリアしなくてはならないハードルは高く、また、マウスで得られた結果が必ずしもヒトに当てはまるとは限りません。やはり、ヒトはヒトで研究する必要があります。しかし、ヒトでは倫理的な問題があり、現在はまだこのような臨床試験をおこなうことはできません。さらに、精子と卵子という配偶子を人為的に作り出し、新たな生命（個体）を生み出すという行為に対し、「生命の尊厳」という倫理上の大きな壁が立ちはだかっています。

ゲノム編集技術がもたらした革命

将来の生殖補助医療を大きく変革するもうひとつの画期的な技術が「ゲノム編集」です。２０１７年度のノーベル生理学・医学賞は、この技術を世界で初めて開発したジェニファー・ダウドナ（米国）とエマニュエル・シャルパンティエ（フランス）の二人が受賞するという予測もありましたが、今回は見送られました。しかし近い将来、二人の受賞は確実視されています。

１９９７年に公開された、遺伝子操作が施された「デザイナー・ベビー」を題材にした「Gattaca（ガタカ）」という映画をご存じでしょうか。このＳＦ映画は、遺伝子操作を受けた「適正者」と自然出産で生まれた（遺伝子操作を受けていない）「神の子」（不適正者）の間に存在する社会的差別の世界を描きました。映画の中で、「神の子」である主人公は宇宙飛行士を志しますが、「適正者」でなければ宇宙飛行士になることが困難という現実に直面します。そこで、主人公は事故で下半身不随となった「適正者」に成り代わり、宇宙に旅立つ夢を実現しようとするストーリーです。

映画はあくまでもフィクションであり、この映画で描かれた内容は杞憂に過ぎないと考えられるかもしれません。しかし、私たちが「ゲノム編集」という新たな技術を手に入れた現在では、遺伝子操作によって優秀な子どもを得る目的で親の理想どおりにデザインされた「デザイナー・ベビー」が産まれるのは、そう遠い未来のことではない気がします。そう思わせるくらいに近年の遺伝子改変技術の進歩には目を見張るものがあるのです。

これまで植物や動物を用いた遺伝子組換え生物と言えば、遺伝子組換え作物や遺伝子導入動物（トランスジェニックアニマル）、そして先ほどお話ししたノックアウトマウス（遺伝子破壊マウス）などがよく知られていました。

人為的に遺伝子改変をおこなう場合、従来の方法では、一つの遺伝子あたりおよそ100万回に1回くらいの非常に低い確率で組換え体を得ていました。それに対し、「クリスパー」と呼ばれるゲノム編集技術を用いれば、DNAを構成するA、T、G、Cという4種類の塩基から構成される無限に近い文字列の一字一字をピンポイントで人為的に書き換えることができるようになったのです。さらに、遺伝子だけでなくゲノムDNAのすべての配列を書き換えることができるので、遺伝子編集ではなく「ゲノム編集」と呼ばれます。これまで考えられなかったくらいに大規模かつ効率的に遺伝子やゲノムを自由自在に改変することが可能となったわけです。

この技術は、DNAを切断する箇所や切断の仕方を自由にデザインできることから、「DNAのメス」と呼ばれることがあります。そして、実験操作が非常に簡便であり、あらゆる動物や植物のＤＮＡを操作できるため、すでにこの技術を使って体が大きくなった家畜や魚、糖度が高い果実、腐りにくい野菜などが作製されています。

また、ゲノム編集技術は、多様な生命現象を支配する遺伝子機能を解明するための基礎研究だけでなく、様々な疾患の遺伝子治療への応用が可能です。患者の身体から必要な細胞を採取し、この細胞が持つ遺伝子の異常を正常な遺伝子に修復して患者の体内に戻す方法を用いて、多くの疾患の遺伝子治療が実施されています。

なかでも単一の遺伝子が原因で引き起こされるベータ・サラセミア（地中海性貧血）や血友病、筋ジストロフィーなどの遺伝性疾患では、その多くは原因遺伝子の変異がすでに判明しているため、ゲノム編集技術を用いて遺伝子を修復することは難しくありません。溶血性の貧血を引き起こすベータ・サラセミアや血液凝固異常の血友病などの遺伝性血液疾患の場合、ゲノム編集によって正常に戻した幹細胞を生体内に戻すことで治療をおこなうことができます。この方法を用いれば、他人の骨髄を移植して治療をおこなう場合とは異なり、拒絶反応が起こりません。

また、ゲノム編集技術とiＰＳ細胞を用いた再生治療を組み合わせることによって、すでに発症した筋ジストロフィーなどの難病患者の治療のための臨床利用にも大きな期待が寄せられています。患者から作製されたiＰＳ細胞は、患者が持つゲノムの変異を受け継いでいるので、この変異部分をゲノム編集で修復することによって、たとえば筋ジストロフィーの原因となる遺伝子の変異が修復された細胞を大量に作製し、それらを生体に移植することによって再生医療をおこなうことができるのです。

エイズの原因となるＨＩＶ感染者の治療には、感染者の血液を採取し、ゲノム編集によってＨＩＶに感染しにくい耐性を持つリンパ球を作り出して体内に戻すことによって、免疫力が回復することがわかっています。

iPS細胞の利点

すでに述べたように、ヒトのＥＳ細胞の場合は、体外受精によって得られた着床前の初期胚（胚盤胞）のなかで使用されずに廃棄されるものを用いて作製されます。この初期胚を子宮に戻せば着床して胎児になることから、ヒトＥＳ細胞の使用には生命倫理の点で大きな障害がありますが、現在では研究利用と、体細胞を対象とした一代限りの再生治療については、大きな壁をひとつ超えることができました。

読者の中には、クローン羊「ドリー」を覚えている方もいるかと思います。１９９６年、英国のロスリン研究所のイアン・ウィルマットが成長した羊から取り出した体細胞を使い、親と同じ遺伝情報を持つ羊を作製しました。その技術をヒトに応用すれば、卵子に体細胞の核を移植するだけで、クローン人間を作ることは可能でしょう。また、卵子に核移植を行った初期胚からＥＳ細胞を樹立すれば、自分自身と同じ遺伝子構成を持つＥＳ細胞からクローン人間を作ることができるかもしれません。

これまで、霊長類のクローンの作製は何度も試みられたにもかかわらず成功していませんでした。しかし、２０１８年1月に、ついに中国の研究チームが、クローン羊の時と同じ方法を用いて、カニクイザルのクローン2頭を誕生させることに成功しました。この研究チームはヒトに応用することはないと明言しているものの、この実験の成功によってクローン人間を作ることは技術的には可能であることがほぼ証明されました。今後、クローン技術の応用の法規制や研究倫理に関する議論に拍車がかかるものと予想されます。

246ページに述べた内容と重複しますが、iPS細胞は、ES細胞のようにヒトの受精卵を破壊するという倫理的な問題を回避するために誕生したものであり、iPS細胞がもつ最大のメリットの一つは、自分自身の細胞を初期化できることです。そのため、それを再生医療の目的で自分自身の体に移植しても拒絶反応は起こらず、免疫抑制剤を使用する必要もありません。

また、移植した細胞の拒絶反応の原因となるヒト白血球抗原(HLA)のタイプ別にiPS細胞バンクを作り、HLAのタイプが一致するiPS細胞、つまり拒絶反応が少ないiPS細胞を選んで使用することができれば、その利用価値はさらに大きくなります。治療の都度、各個人からiPS細胞を樹立する必要がなくなるからです。このように、他人由来のiPS細胞を使うことができれば、治療までの時間を大幅に短縮し、さらに治療のためのコストを下げることができます。

ヒトの場合、用いるのがES細胞であれiPS細胞であれ、再生医療の対象が一代限りの体細胞であれば問題はありませんが、人為的に生殖細胞を作り出しそれらを用いて新たな生命(個体)を作り出すことは禁止されています。iPS細胞から生殖細胞を作り出すことができるようになった現在では、「人の命の尊厳」にかかわる新たな倫理問題が生みだされることになりました。

かつて歴史で何がおこなわれたのか

そもそも幹細胞を用いる生殖補助医療は、本来の男女の生殖のあり方からは明らかにかけ離れています。そして、治療を超えた欲望達成の手段としての利用、生命の道具化、他の動物への移植による人体組織の作製やその資源化など、社会的には許容しがたい問題も今後、発生してくることが懸念されます。急速な技術の進歩に対して、法規制も倫理観の議論も追いついていないのが現状だと思います。

夫婦や家庭、あるいは宗教上の事情から、生まれる子供の性別を選ぶために胎児の取捨選択をおこなえる時代を迎えつつあります。体外受精で得られた初期胚であれば、着床前に検査をおこない、目的に合わない初期胚を余剰胚として捨てることができるからです。この着床前診断という方法は、染色体異常や遺伝子突然変異などの遺伝的な障害の有無を確かめるうえで、大きな威力を発揮します。もし着床前診断で何らかの障害が見つかれば、それを子宮に戻さずに障害のある子供の誕生を防ぐことができます。また、妊娠22週以前であれば、羊水検査をおこない、障害を持つ胎児を堕胎することは法律的にも認められています。

米国などでは自分が求める特徴を持つ男性の精子や女性の卵子を精子バンクや卵子提供者から購入することができるため、体外受精によって理想の子供を得ることを試みることができます（しかし実際には、いくら優秀な遺伝子を持つ精子や卵子をもらっても、生まれてくる子供の遺伝情報の半分は自分自身から受け継がれるわけですから、子供が優秀かどうかはわかりません）。

現実的には、自分自身の精子や卵子を使わずとも、ある個人がコンピューター上で提供者のデータに基づいて精子と卵子を選択し、体外受精によって得られた受精卵を代理母の子宮に戻すことによって、自分が理想とする試験管ベビーを作ることも可能なのです。生殖補助医療の発展によって理想の子供を得たいという人類の限りない欲望は今後さらにエスカレートし、生命倫理に対する一般常識がもはや通用しなくなる時代が訪れようとしているように思われます。

しかし、第三者からの精子や卵子の提供を受けるという従来のやり方ではなく、幹細胞を用いた再生医療の技術を用いて人為的に無精子・乏精子症の男性の精子を作り出したり、卵巣の機能不全の女性から卵子を作ったりすることは、まだ社会的には認められていません。次世代の生命の誕生を補助するという生殖補助医療の本来の目的から逸脱し、人為的に作り出された精子と卵子から新たな生命を誕生させることになるからです。しかしながら、iPS細胞を用いて自分自身の細胞から精子や卵子を作り、男女の相互理解のもとにそれらを用いて自分たちの子供を得るのであれば、倫理的には問題ないという意見もあってしかるべきでしょう。実際に、幹細胞を用いた生殖補助医療が可能であれば、その技術を利用して自分たちの子供を持ちたいというカップルは決して少なくないと思います。

このような従来の幹細胞研究とその臨床利用に関わる倫理問題の議論にさらに拍車をかけるように登場したのが、ゲノム編集技術なのです。先ほども述べましたように、この技術はヒトの病気の治療に多大な貢献が期待され、エイズやがんの患者、そして多くの遺伝子疾患の患者の協力を得て、臨床試験が開始されています。また、何らかの遺伝性疾患を有する家系から生まれてくる子供を救うために、ゲノム編集を使って卵子や精子、あるいは受精卵の遺伝子を治療する研究もおこなわれています。病気の原因となる遺伝子変異が明確に特定されている遺伝性疾患であれば、その遺伝子をピンポイントで修復して正常な精子と卵子を作り出すことによって、遺伝性疾患の発症を防ぐこともできます。

さらにこの技術は不妊治療にも応用できるはずです。例えば、Y染色体の異常によって不妊となった男子の皮膚からiPS細胞を作製し、これをゲノム編集で修復することによって受精能力のある精子を作り出すことも可能になるかもしれません。

しかし、こうした医療への応用は非常に危うい側面と表裏一体の関係にあります。なぜなら、生殖細胞や受精卵のDNAがゲノム編集によって書き換えられた、つまり「遺伝しうるゲノム編集」がおこなわれた場合、改変された遺伝子やゲノムは、体細胞のように一代限りで消えることはなく、子孫代々へと受け継がれていくからです。現在のゲノム編集技術を用いれば、ES細胞やiPS細胞、あるいは受精卵の遺伝子を改変し、親が求める能力を持った子供を得ることが可能です。実際にマウスを用いて目的とする能力が強化された成功例がありますので、ヒトにも簡単に応用できるはずです。まさにこの章の冒頭で紹介した映画と同じ、「デザイナー・ベビー」の誕生です。

ゲノム配列の機能解読がさらに進めば、性格や病気、才能などに関する遺伝子が次々と明らかとなり、遺伝子操作を加えることによって自分の子供の性質を自由自在に好きなように改変したり、あるいは、ある特徴や機能を増強することも可能です。

たとえば、「骨を丈夫にして骨折しにくい体を作る」「心臓病やがんになりにくい体にする」などの体質改善や体の強化につながる遺伝子を改変することによって、より健康で幸せに暮らすためのひとつの手段として「人類の改良」がおこなわれる可能性もあります。さらにエスカレートすれば、ゲノム編集技術を用いて高い知能と強靭な肉体、そして美貌を兼ね備えた「デザイナー・ベビー」を意図的に作り出すことも可能なのです。しかし、わたしたちにそのような権利があるのでしょうか。

このような発想は「優生学」的な思想につながりかねない危険性をはらんでいます。優生学とは、劣等な子孫（劣等な遺伝子を持つ子孫）の誕生を抑制し、そして優秀な子孫（優秀な遺伝子を持つ子孫）を増やすことによって民族全体の遺伝子の「質」の向上を図り、社会あるいは民族全体の安泰と存続を図ろうとする考え方です。

私たち人類は、第2次世界大戦中のナチス・ドイツによる忌まわしい歴史を忘れてはなりません。「優れた人間以外はこの世に存在することは許されない」という過激な思想を持つ優生学者とその支持者たちによって、ユダヤ人を「生きるに値しない命」として大量虐殺（ホロコースト）がおこなわれました。

現代では価値観が多様化しています。優れた人間という基準には知能、肉体、美貌など様々なカテゴリーがあり、また人によって求めるものも異なるはずです。自分たちの偏狭な価値観のもとに遺伝子操作を施して優れたと信じる人間を造り出し、そして障害のない価値あるものだけを生かそうという優生学的な考え方が身近なものとなる恐れは大いにあります。そしてそれが、過激な思想となって独り歩きすることもあり得るのは、かつての歴史が証明しています。

本来、ゲノム編集によるヒトの遺伝子改変技術は、限られた条件のもとでおこなわれるべきものです。重篤な遺伝性疾患や、アルツハイマー病やパーキンソン病のような深刻な神経疾患、がん、エイズなどの後天的な免疫不全症、さらにはその他の生命を脅かすような疾患や身体の機能を著しく損なうような疾患を対象に、遺伝子治療が有効と考えられるものに限定した医療目的で使用されるべきものであったはずです。

「デザイナー・ベビー」という発想自体が、本来のゲノム編集の目的から大きく逸脱しています。遺伝子操作によって子供の遺伝子を改良し、「欠陥がなくて（これも個人的な判断基準に基づくものですが）、強く、美しく、そして健康な子供」を造り出す（造り出してあげる）ことは、決して親の権利でもなく、ましてや親の愛情などであるはずはありません。このような発想自体が、優生学的思想を彷彿させるものであり、すでに大きな危険性をはらんでいるようにわたしには思えます。

進歩の裏にある危険性

実際にヒトの受精卵が遺伝子改変に用いられたことがあり、この基礎研究は世界で大きな波紋を呼び起こしました。２０１５年に中国の研究グループが、多精子受精によって三倍体となったヒトの受精卵を用いてゲノム編集による遺伝子改変を試みたのです。彼らは、使用した受精卵が生殖補助医療のために作製された受精卵の余剰であり、しかも三倍体であるため子宮に戻しても子供は生まれないという理由で倫理問題が回避できると考え、実験に踏み切ったようです。結果は、彼らが標的にした遺伝子の改変を行うことはできず、失敗に終わっています。

２０１５年12月、米国のワシントンＤＣでゲノム編集に関する国際会議が開催されました。遺伝子編集技術のヒトへの使用に関する倫理的、社会的問題が議論され、「ヒト生殖細胞を用いたゲノム編集は当面、基礎研究に限定し、臨床応用は自粛すべきである」という指針が示されました。わが国では、２０１５年10月に施行された「遺伝子治療等臨床研究に関する指針」（厚生労働省）の第七「生殖細胞等の遺伝的改変の禁止」において、ヒトの生殖細胞または胚の遺伝的改変を目的とした遺伝子治療等の臨床研究及びヒトの生殖細胞又は胚の遺伝的改変をもたらす恐れのある遺伝子治療等の臨床研究を禁止しています。

しかし、不妊治療や遺伝性疾患の治療・予防につながる基礎研究については容認しています。また、２０１６年４月には、日本遺伝子細胞治療学会、日本人類遺伝学会、日本産科婦人科学会、日本生殖医学会の関連４学会からも、ヒトの生殖細胞や胚に対するゲノム編集技術の臨床応用を禁止する提言がなされました。

基礎研究で許可されたことは、いずれは臨床に応用される時期が来ることを意味しています。しかも、これらはあくまでも科学者による自主規制でしかなく、国際法的な拘束力はありません。日本における規制も法律ではなくあくまでも指針であるため、その実効性は低いものです。「治療」と「それ以外の目的」との間の線引きを明確にし、しかるべき法規制と倫理的な監督下に置かれることが望まれます。そして、深刻な疾患や症状を治療する目的以外への利用の拡大を防ぐための信頼できる監視機構も必要です。

本書の本題である遺伝学的な視点から眺めてみると、これらの生殖補助医療、そしてＥＳ細胞やｉＰＳ細胞などの幹細胞を用いた再生医療の発展は、不妊の原因が染色体や遺伝子の異常などの遺伝的な要因であった場合、その異常を自分たちの子孫に伝えるだけでなく、生殖補助医療に依存した社会をますます拡大していくことにつながります。この問題は、何十万年、何百万年先にはヒトのＹ染色体が消えてしまうかもしれないという、漠然とした遠い未来を危惧することよりもはるかに現実的かつ切実であり、そして今、わたしたちが直面している問題といえるでしょう。

ゲノム編集技術は、多くの倫理的な問題を内包しているものの、生殖細胞や受精卵の段階で異常な遺伝子を治療することによって、次世代に伝達される遺伝子異常を減少させる可能性も提示してくれます。しかしその一方で、人類の長い歴史の遺産というべき遺伝的な多様性を喪失してしまう危険性もあります。また、予期できない影響が世代を超えて人類全体に及び、その制御が困難な状態に陥る危険性もはらんでいます。

優秀な遺伝子といわれているものが将来も決してそうである保証はなく、脆弱な遺伝子と認識されているものが将来の環境変化に適応できるものであるかもしれません。受精卵や生殖細胞のゲノム編集によって、このような遺伝子変異の多様性が消し去られ、ヒトの遺伝子がその時代だけに適合したものに画一化されてしまう可能性があります。

しかし、ゲノム編集が多様な遺伝子の改変を正確、安全かつ効率よくおこなえること、そして膨大なゲノム情報とゲノム編集を組み合わせることによって、従来の遺伝子治療ではなし得なかった画期的な治療法が生み出される可能性に鑑みれば、生殖細胞や受精卵を用いたゲノム編集技術が、今後、生殖補助医療に利用されていくことは間違いないでしょう。

人工授精や顕微授精、代理出産などによって、自分の子供を持ちたいという願望をかなえる人が急増しています。それにともなって、精子の売買や代理懐胎の斡旋などの生命倫理を度外視した商業主義的行為の横行、そしてそれにともなう家族関係の混乱や崩壊などの社会的問題もさらに大きなものになっていくことが予想されます。このような生殖補助医療を科学の濫用であるという批判もありますが、「自分の子供を持ちたい」という男女の強い願望が存在する限り、その技術は幹細胞を用いた再生医療やゲノム編集をも巻き込んで、さらに発展・進化していくことは明らかです。

生命科学に携わる研究者は、社会に無用な不安を与えることなく、先端的な生殖補助医療や遺伝子治療を、社会的な一般常識と調和した技術として正確な情報を国民に提供し、啓蒙活動を社会に対して継続しておこなっていく義務と責任があります。そして、その責任は大きいと思います。

日本には、生殖医療に関する法律としては、クローンの作製を禁じる法律（「ヒトに関するクローン技術等の規制に関する法律」）しかなく、その他は「指針」であるためその拘束力は弱く、国民レベルでの生殖医療に対するコンセンサスも十分とは言えません。一人でも多くの人がこれからの生殖補助医療のあり方と人類の未来について、倫理、法制度、社会的側面など、幅広い視点から議論を重ねることによって、それを受け入れる社会も時間と共に成熟していくと思われます。20年、30年先を見据えた慎重な議論と対応が求められます。

（注11）ＥＳ細胞（胚性幹細胞：embryonic stem cell）

受精卵から発生した、着床前の胞胚期の胚から将来胎児となる内部細胞塊を取り出し、特定の条件で培養することによって得られる、自己複製能と多能性を持った細胞をいう。ＥＳ細胞は受精卵から作製するため、受精卵を犠牲にしなければならず、ＥＳ細胞から精子や卵子を作りだすことができても、それはあくまでも他人の細胞に由来するものである。

（注12）ｉＰＳ細胞（人工多能性幹細胞：induced pluripotent stem cell）

体細胞に山中ファクターと呼ばれるたった4種類の遺伝子を取り込ませ発現させるだけで、自己複製能と多能性を持つｉＰＳ細胞を得ることができる。その作製に当たっては、受精卵を犠牲にする必要がなく、自分自身の細胞から精子や卵子を作りだすことが可能となる。

あとがき

大学で1年生を対象に遺伝学の講義をしていると、DNA、遺伝子、ゲノム、染色体は知っているけれどもその関係がよくわからない、明確にイメージできないという多くの学生に出くわします。特に、染色体に対する大学生の知識と理解は、高学年になっても不足しているようです。これはおそらく、ほとんどの大学で染色体に関する講義が十分におこなわれておらず、そして染色体を研究する学問である細胞遺伝学の面白さが十分に伝えられていないからだと思います。

私の講義で染色体の理解が深まるにつれ、多くの学生は染色体研究の面白さに興味を持ってくれます。中でも特に彼らの興味を引くのは、性の決定や分化にかかわる性染色体の機能やその進化であり、講義をする側も性染色体に関する題材には事欠きません。やはり、性染色体は遺伝学の花形役者であると実感させられます。

今や一般人が手にするDNA、遺伝子、ゲノムに関する読み物は、ちまたにあふれています。しかし、染色体に関していえば、染色体異常にかかわる医学専門書や染色体やゲノムの分子生物学の専門書はあっても、高校生や大学生、さらには主婦の方々が気軽に手に取って、身近に感じる病気や性と染色体のかかわりについて、理解と知識が得られるような本はほとんどなかったと思います。染色体研究の面白さを一般の人々に知っていただけないのはとても残念なことです。また、急速に科学技術が発展する現代においては、科学者の言動が社会に与える影響とその責任はますます大きくなっています。科学者は自分たちの専門分野を突き詰めていくだけではなく、研究で得られた成果を広く一般の人々に伝え、そして理解してもらう義務があります。

そのため、私の専門である染色体の進化、特に性染色体の構造や機能とその進化に関する題材を中心に、多くの人が気軽に楽しく読んでもらえる染色体の本を書いてみたいと思っていた折に、新潮社の今泉正俊さんから声をかけていただき、この本が出版される運びとなりました。しかし、日頃の大学業務に忙殺され、なかなか筆を進めることができず、出版には長い年月を要してしまいました。その間、私の遅筆にもめげずに辛抱強く待っていただき、そして何度も励まされ協力いただいた今泉さんに改めて深く感謝いたします。

そして、約20年前に北海道大学理学部（旧）附属動物染色体研究施設に教授として赴任して以来、その後、名古屋大学に異動してからもずっと染色体研究を共にし、染色体研究の楽しさを語り合ってきた北海道大学の西田千鶴子さんに厚くお礼申し上げます。また、北海道大学理学部4年生の時から13年もの間、古代魚から両生類、爬虫類、鳥類、哺乳類に至るまで、様々な動物を使って一緒に染色体研究に汗を流し、研究室でいつもわたしを支えてくださった宇野好宣君（現在、理化学研究所生命機能科学研究センター研究員）に感謝します。宇野君には、本書の多くの図の作成にも協力していただきました。また本書では北海道大学理学部附属動物染色体研究施設所蔵の資料を数多く使用させていただきました。研究室の諸先輩方に厚くお礼申し上げます。

２００９年1月に放映され、私も出演させていただいたＮＨＫスペシャル「女と男」で、オーストラリア国立大学（当時）のジェニファー・グレイブス博士が述べた、ヒトのＹ染色体の退化と消滅に関するトピックスが紹介されました。さらにヒト精子の劣化による生殖補助医療の問題と相まって、ある種の社会現象のように多くのマスコミでこの話題が取り上げられました。そして、最近では、ｉＰＳ細胞を中心とした幹細胞研究の発展とゲノム編集という画期的な技術の出現によって生殖補助医療が新たな局面を迎えており、倫理的な問題を含めその将来を見据えた慎重かつ活発な議論が求められています。この議論を専門家の間だけで終わらせることなく、多様な価値観を有する一般市民を巻き込んだ、自由かつ活発な社会的議論に成熟させていくことが望まれます。

この本を手に取って、染色体や性についての理解を深めていただき、そして現在の私たちを取り巻く生殖補助医療の問題と将来について考え、自分なりの意見や考え方を持っていただければ、筆者にとってはこの上ない喜びです。

２０１８年春

松田洋一

参考資料

本書に関する内容をさらに詳しく学びたい方には以下の文献をお勧めします。

『性の起源　遺伝子と共生ゲームの30億年』リン・マーグリス／ドリオン・セーガン著　長野敬／原しげ子／長野久美子訳　青土社　1995年
『X染色体　男と女を決めるもの』デイヴィッド・ベインブリッジ著　長野敬／小野木明恵訳　青土社　2004年
『利己的な遺伝子〈増補新装版〉』リチャード・ドーキンス著　日高敏隆／岸由二／羽田節子／垂水雄二訳　紀伊國屋書店　2006年
『大いなる仮説　DNAからのメッセージ』大野乾著　羊土社　1991年
『続　大いなる仮説　5・4億年前の進化のビッグバン』大野乾著　羊土社　1996年
『ゲノムが語る23の物語』マット・リドレー著　中村桂子／斉藤隆央訳　紀伊國屋書店　2000年
『乱交の生物学　精子競争と性的葛藤の進化史』ティム・バークヘッド著　小田亮／松本晶子訳

新思索社　2003年
『Y染色体からみた日本人』中堀豊著　岩波書店　2005年
『アダムの呪い』ブライアン・サイクス著　大野晶子訳　ヴィレッジブックス　2006年
『できそこないの男たち』福岡伸一著　光文社新書　2008年
『エピジェネティクス　新しい生命像をえがく』仲野徹著　岩波新書　2014年
『エピジェネティクス革命　世代を超える遺伝子の記憶』ネッサ・キャリー著　中山潤一訳　丸善出版　2015年
『生殖医療はヒトを幸せにするのか　生命倫理から考える』小林亜津子著　光文社新書　2014年
『ルポ　生殖ビジネス　世界で「出産」はどう商品化されているか』日比野由利著　朝日新聞出版　2015年
『生殖医療の衝撃』石原理著　講談社現代新書　2016年
『iPS細胞が医療をここまで変える』京都大学iPS細胞研究所著　山中伸弥監修　PHP新書　2016年
『iPS細胞　不可能を可能にした細胞』黒木登志夫著　中公新書　2015年
『ゲノム編集の衝撃「神の領域」に迫るテクノロジー』NHK「ゲノム編集」取材班著　NHK出版　2016年
『CRISPR（クリスパー）　究極の遺伝子編集技術の発見』ジェニファー・ダウドナ／サミ

ユエル・スターンバーグ著　櫻井祐子訳　須田桃子解説　文藝春秋　２０１７年
『ゲノム編集を問う　作物からヒトまで』石井哲也著　岩波新書　２０１７年
『デザイナーベビー　ゲノム編集によって迫られる選択』ポール・ノフラー著　中山潤一訳　丸善出版　２０１７年

引用資料

図３～５、18～21、33、39、50は北海道大学理学部（旧）附属動物染色体研究施設所蔵の資料を使用させていただきました。

新潮選書

性《せい》の進化史《しんかし》——いまヒトの染色体《せんしょくたい》で何《なに》が起《お》きているのか

著　者………………松田洋一《まつだよういち》

発　行………………2018年5月25日

発行者………………佐藤隆信
発行所………………株式会社新潮社
〒162-8711 東京都新宿区矢来町71
電話　編集部03-3266-5411
読者係03-3266-5111
http://www.shinchosha.co.jp
印刷所………………錦明印刷株式会社
製本所………………株式会社大進堂

ISBN978-4-10-603827-3 C0345

生命の内と外　永田和宏

生物は「膜」である。閉じつつ開きながら、必要なものを摂取し、不要なものを排除している。内と外との「境界」から見えてくる、驚くべき生命の本質。

《新潮選書》

宇宙からいかに
ヒトは生まれたか
偶然と必然の138億年史　更科功

我々はどんなプロセスを経てここにいるのか？生物と無生物両方の歴史を織り交ぜながら、ビッグバンから未来までをコンパクトにまとめた初めての一冊。

《新潮選書》

重力波発見！

新しい天文学の扉を開く黄金のカギ　高橋真理子

いったいそれは何なのか？　なぜそれほど人類にとって重要なのか？　熟達の科学ジャーナリストが、発見の物語から時空間の本質までを分かりやすく説く。

《新潮選書》

凍った地球
スノーボールアースと生命進化の物語　田近英一

マイナス50℃、赤道に氷床。生物はどう生き残ったのか？　全球凍結は地球にとってどんな意味があるのか？　コペルニクス以来の衝撃的仮説といわれる環境大変動史。

《新潮選書》

地球の履歴書　大河内直彦

海面や海底、地層や地下、南極大陸、塩や石油などを通して、地球46億年の歴史を8つのストーリーで描く。講談社科学出版賞受賞の科学者による意欲作。

《新潮選書》

炭素文明論
「元素の王者」が歴史を動かす　佐藤健太郎

農耕開始から世界大戦まで、人類の歴史は「炭素争奪」一色だった。そしてエネルギー危機の今、また新たな争奪戦が……炭素史観で描かれる文明の興亡。

《新潮選書》